Premiere
Collection

動物の錯視
トリの眼から考える認知の進化

中村哲之 著

京都大学学術出版会

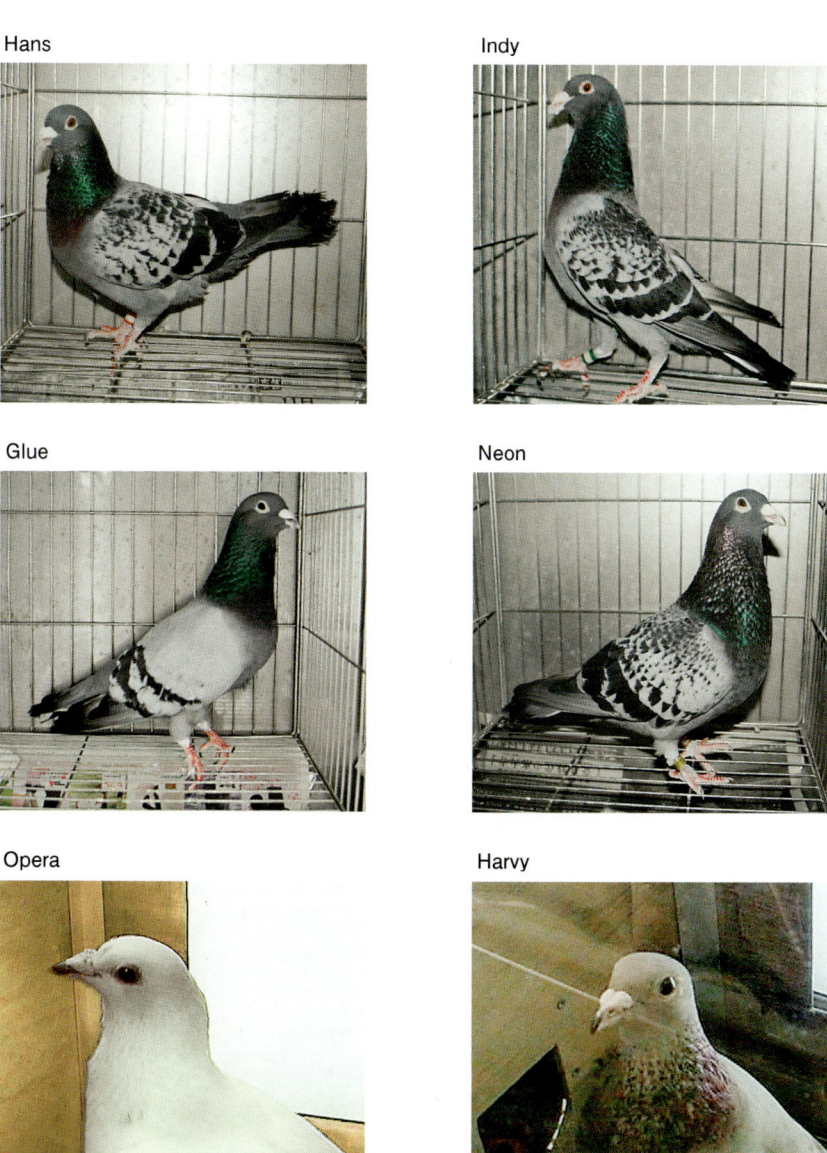

口絵 1 本書に登場するハトたち。Hans と Indy は長さの錯視（第 2 章），Glue, Neon, Opera, Harvy は大きさの錯視（第 3 章）の実験に参加した。Hans, Indy, Glue は傾きの錯視（第 5 章）の実験にも参加した。

（撮影：岩崎純衣，中村哲之）

口絵2 長さや大きさの錯視に関する実験に参加したハトの様子。(上) 中心にある円が大きいか小さいかを報告をする問題を解くハト。ヒトでは周囲にある円が大きくなるほど中心の円が小さく見えるが、ハトやニワトリでは全く逆の現象が生じていることが本書の研究から明らかとなった (第3章)。(中) 水平線分が長いか短いかを報告をする問題を解くハト (第2章)。(下) 問題に正解し、給餌口から報酬の穀物飼料を食べるハト。

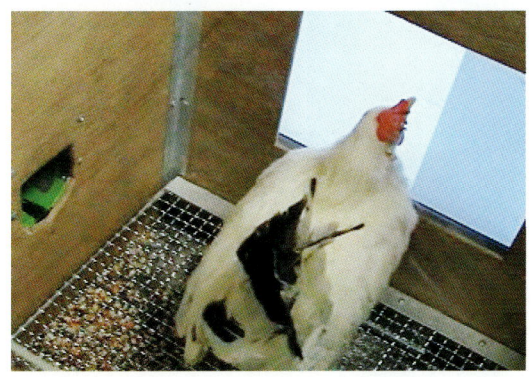

口絵3　「遮蔽」された輪郭の錯視に関する実験に参加したニワトリの様子。ヒトは「遮蔽」された部分を補って認識するが，ハトやニワトリではそうした現象が生じないことが本書では紹介されている。（上）菱形図形のなかからその一部分が欠けた図形を探す問題を解くニワトリ（第4章・実験10）。（中）「壁」に接した線分が長く見えるかどうかを調べるための問題を解くニワトリ（第4章・実験11）。（下）問題に正解し，給餌口から報酬の穀物飼料を食べるニワトリ。

Axel

Chris

Bizen

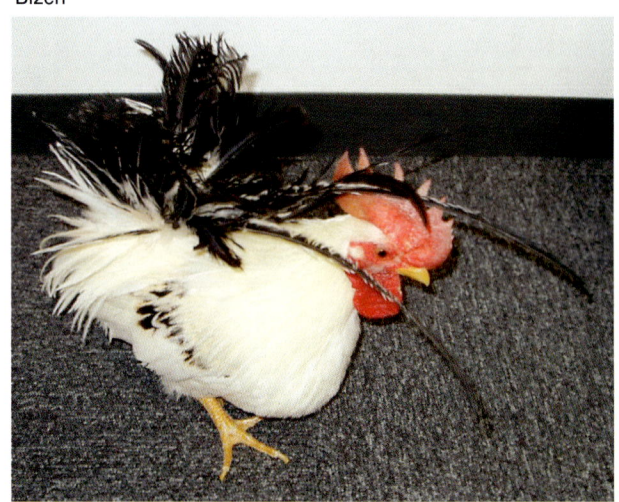

口絵 4 本書に登場するニワトリたち。大きさの錯視（第 3 章），遮蔽された輪郭の錯視（第 4 章），傾きの錯視（第 5 章）の実験に参加した。

（撮影：渡辺創太，中村哲之）

プリミエ・コレクションの創刊にあたって

「プリミエ」とは，初演を意味するフランス語の「première」に由来した「初めて主役を演じる」を意味する英語です。本コレクションのタイトルには，初々しい若い知性のデビュー作という意味が込められています。

いわゆる大学院重点化によって博士学位取得者を増強する計画が始まってから十数年になります。学界，産業界，政界，官界さらには国際機関等に博士学位取得者が歓迎される時代がやがて到来するという当初の見通しは，国内外の諸状況もあって未だ実現せず，そのため，長期の研鑽を積みながら厳しい日々を送っている若手研究者も少なくありません。

しかしながら，多くの優秀な人材を学界に迎えたことで学術研究は新しい活況を呈し，領域によっては，既存の研究には見られなかった溌剌とした視点や方法が，若い人々によってもたらされています。そうした優れた業績を広く公開することは，学界のみならず，歴史の転換点にある21世紀の社会全体にとっても，未来を拓く大きな資産になることは間違いありません。

このたび，京都大学では，常にフロンティアに挑戦することで我が国の教育・研究において誉れある幾多の成果をもたらしてきた百有余年の歴史の上に，若手研究者の優れた業績を世に出すための支援制度を設けることに致しました。本コレクションの各巻は，いずれもこの制度のもとに刊行されるモノグラフです。ここでデビューした研究者は，我が国のみならず，国際的な学界において，将来につながる学術研究のリーダーとして活躍が期待される人たちです。関係者，読者の方々ともども，このコレクションが健やかに成長していくことを見守っていきたいと祈念します。

第25代　京都大学総長　松本　紘

まえがき

　先日，心理学の講義内で大学生に対して次の質問をした。
　「五感のなかで無くなったら一番困るのは？　その理由は？」
　視覚，聴覚，味覚，嗅覚，触覚。どれが無くなったとしても大変であろう。周りのものが突然見えなくなったとしたら，怖くて外を歩くことができないかもしれない。突然音が聞こえなくなったら，会話や音楽を楽しめないだろうし，小鳥のさえずりに心癒されることも無くなってしまう。風邪をひいて鼻がつまってしまったときの食事ほどがっかりするものはないから，味覚や嗅覚も捨てがたい。触覚が無い世界は？　……これは考えただけでゾッとする。やはり学生のなかでも意見は割れたが，最も多い答えは視覚であった。「見る」という行動が私たちにとって非常に身近なものだということだろう。
　本書では，「ものを見るとはどのようなことなのか」について検討した研究を紹介する。この問いに対するアプローチの仕方はいろいろあるが，本書で取り上げるのは錯視研究である。錯視とは，例えば物理的には全く同じ長さの線分あっても，その周囲に置かれた図形によって，実際よりも長く見えたり短く見えたりする現象である。実は私たちはありのままの環境を認識しているわけではなく，環境内にある膨大な情報のなかから必要なものを効率良く引き出すことによって脳内で再構成した世界を見ている。そのため，脳で解釈した世界（見た目）と実際の物理的性質が大きく食い違うといったケースも生じる。それが錯視である。錯視を調べることによって，私たちのものの見方の特徴を明らかにしていこうというわけである。
　錯視研究のなかにもさまざまなアプローチの仕方がある。ヒトの視

◆ まえがき

覚世界を知りたいのであれば，ヒトの錯視を徹底的に調べるというのが一つの方法である。あるいは，ヒトとヒト以外の動物の錯視を比べることによって，ヒトとしての特徴を明らかにしていく方法もある。例えば，自分の身長が高いか低いかは他者と比べたときに初めて分かるものであり，仮にこの世に自分しか存在しないとしたら，それに対する答えを出すことは不可能である。同様に，ヒトの錯視についても他の動物と比べることによって初めて明らかとなる特徴があるはずだ。本書では，鳥類（ハト，ニワトリ）を比較対象とした研究を中心に紹介する。ヒトとは異なる生活様式を持つ鳥類では，環境から引き出すべき情報がヒトのそれとは大きく異なると考えられる。そのため，それぞれの視覚世界，そしてそれぞれの錯視の生じ方も全く同じではないかもしれない。ハト，ニワトリ，ヒト，それぞれの動物の錯視にはどのような特徴があるのだろうか。そもそも動物の錯視はどのようにしたら調べることができるのだろうか。こうした問いに対する答えを知りたい方には，ぜひ中身を読んでいただきたい。

なお，本書は 2009 年 3 月に京都大学大学院文学研究科に提出した課程博士論文「錯視知覚の進化に関する比較認知科学的研究」の内容を加筆・修正したものである。多くの関連研究者や専門的知識を持たない一般読者の方にも読んでいただけるよう，専門用語や表現をできるだけ読みやすい記述に改めた。また，この研究分野の最新状況を紹介するために，研究博士号取得後に大阪教育大学の渡辺創太氏らと共同でおこなった研究内容を，第 5 章「傾きの錯視 —— 対比錯視の種差に関する一般性の検討」として加えた。本書を読み終わったあとで，動物の錯視研究に対して少しでも興味をもっていただければ幸いである。

もくじ

まえがき　i

第1章　錯視研究の意義とその可能性 …………………………… 1

1-1　ヒトにおける錯視研究の歴史　3
1-2　ヒト以外の動物における錯視研究の意義　8
1-3　錯視の進化へのアプローチ　15
1-4　トリの眼から錯視現象を探る　22
1-5　本書の構成　30
コラム①　不良設定問題 —— 解けないはずの問題を難なく解く視覚システム ——　32

第2章　長さの錯視
　　　　—— ミュラー・リヤー錯視における類似性と種差 …………… 35

2-1　動物のミュラー・リヤー錯視に関する先行研究と問題点　38
2-2　ハトのミュラー・リヤー錯視　43
2-3　ミュラー・リヤー錯視におけるハトとヒトの類似点と相違点　71

第3章　大きさの錯視
　　　　—— エビングハウス・ティチェナー錯視，同心円錯視 ……… 77

3-1　ハトにおけるエビングハウス・ティチェナー錯視　79
3-2　ハトにおける同心円錯視　100

◆ もくじ

    3-3 ニワトリにおける大きさの錯視　112

    3-4 大きさの錯視に関する鳥類とヒトの種差　122

    コラム②　訓練にかかる期間はどれくらいか？　125

第4章　「遮蔽」された輪郭の錯視
    —— ニワトリにおけるアモーダル補間の検討 …………… 127

    4-1 ニワトリにおけるアモーダル補間の検討　129

    4-2 アモーダル補間に関する鳥類とヒトの種差　150

    コラム③　ハトやニワトリにモニタ画面上の図形をつつかせるには？　154

第5章　傾きの錯視
    —— 対比錯視の種差に関する一般性の検討 …………… 157

    5-1 鳥類のツェルナー錯視　161

    5-2 対比錯視の種差　170

    コラム④　視覚器の多様性　171

終　章　トリの眼から見えた世界 …………… 173

あとがき　181
引用文献　185
索　引　193

第 1 章
錯視研究の意義とその可能性

1-1　ヒトにおける錯視研究の歴史

■錯視とは？

　全く同じ2本の線が並んでいるにもかかわらず，それらの長さが同じには見えないことがある。例えば，図1-1(a)には，水平な線分の両端に外向の矢印（⟵⟶）もしくは内向の矢印（⟶⟵）がついた図形が並んでいるが，どちらの図形の線分が長いかと聞かれたら，後者の線分の方が長いと答える人が多いのではないだろうか。しかし，定規などで測ってみてもらえれば分かるように，両図形の線分の長さは全く同じである。これはミュラー・リヤー錯視図と呼ばれているもので，最も有名な錯視図のひとつである。全く同じ円が2つ並んでいるのに，同じ大きさに見えないという現象もある。図1-1(b)は，エビングハウス・ティチェナー錯視図と呼ばれるもので，左右の各図形の中心にある円は実際には同じ大きさであるが，小さな円に囲まれた円のほうが，大きな円に囲まれた円よりも大きく見えるのではないだろうか。平行に並んでいるはずの線分群が平行には見えない現象もある。図1-1(c)は，ツェルナー錯視図と呼ばれるもので，横方向の長い線分は実際には平行に並んでいるが，斜めに交わる短いヒゲのような線があることで，上の線分から右下がり，左下がり，右下がり，左下がり……と互い違いに傾いて見える。

　このように，長さ，大きさ，傾きといったものの「形」に対して生じる錯視は幾何学的錯視と呼ばれている。形以外では，色や明るさに対しても錯視が生じることが知られている（図1-1(d)）。さらに最近では，蛇の回転錯視などに代表されるような「静止画なのに動いて見える錯視」も数多く報告されている（例えば北岡，2007, 2010など）。

　つまり，錯視とは視覚性の錯覚のことをさす。そしてその特徴とし

て，「知覚された外界の対象（形や色など）が，実際の物理的な構造と異なることを知って驚き，それらに興味を抱く現象（後藤・田中，2005）」とまとめることができる。

■ ものを「見る」ことと錯視の関係

　なぜ私たちの目はだまされるのだろうか。それは，私たちがものを見る方法に関係がある。「見る」という行動は，私たちにとって非常に身近なものである。目を開けば，外界にある多くの物体が視界に入ってくる。本を読んだり，パソコンで作業をしたり，屋外を出歩いたり……と，何をするときでも見ることが重要な働きをする。このように「見る」という行動があまりにも自然なものであるが故に，「自身が見ている世界は外界そのものである」とか，「『見る』という行動は，カメラで環境を写し取るようなものである」とか思っている読者もいるかもしれない。しかし実はそうではない。私たちがものを見るためには，初めに外界の光を眼から体内に取り込むことが必要となる。眼球内には網膜と呼ばれる神経細胞の集まった薄い膜があり，光情報は網膜にある視細胞で電気信号に変換される。その信号は最終的に脳に送られ，複雑な処理過程を経た結果，ものを見ることが可能となる。つまり，私たちはこのような視覚システムが解釈した世界を見ているのである。

　なぜ視覚システムによる解釈が必要になるのだろうか。「ありのまま」の外界を再現するためには膨大な情報を処理する必要があるが，コンピュータなどとは比べ物にならないほど遅い処理しかできない神経系にとっては，そのようなことは不可能なためである。私たちの視覚システムは，さまざまな制約を設けることによって，環境内にある膨大な情報のなかからその主体にとって必要なものを効率良く引き出

1-1 ヒトにおける錯視研究の歴史

(a) ミュラー・リヤー錯視
どちらの図形の水平線分が長いかと聞かれたら，下の図の線分が長いと答える人が多いのではないだろうか。しかし，両図形の線分の長さは全く同じである。

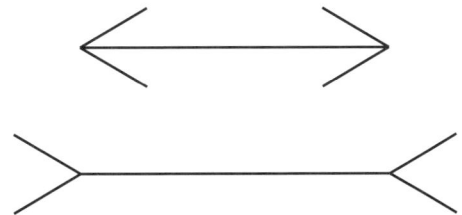

(b) エビングハウス・ティチェナー錯視
左右の各図形の中心にある円は実際には同じ大きさであるが，小さな円に囲まれた円のほうが，大きな円に囲まれた円よりも大きく見える。

(c) ツェルナー錯視
横方向の長い線分は実際には平行に並んでいるが，斜めに交わる短いヒゲのような線があることで，上の線分から右下がり，左下がり，右下がり，左下がり……と互い違いに傾いて見える。

図1-1 錯視の例

し，「見る」ことを実現しているのである。このことから明らかなように，外界の物体がもつ物理的な性質と視覚システムによって復元された「物体」がもつ知覚的な性質とは完全に一致するものではなく，視覚システムによる解釈の分だけ，それらの間には「ズレ」が生じることになる。しかし視覚システムの優れた復元能力のおかげで，私たちが日常生活のなかでそうしたズレを実感することはあまりない。

ところがある特定の状況下においては，そのズレが顕著に現れてしまうことがある。それが錯視である。つまり錯視は特殊な現象ではなく，日常生活における私たちのものの見方を分かりやすい形で示してくれるものであり，例えるならば，通常は認識できないような物理世界－知覚世界間の小さなズレを拡大してくれる「拡大鏡」のようなものである。そのような錯視を研究することによって，私たちの視覚世界にはどのような特徴があるのかが明らかになるわけである。

実際にこうした学術的な重要性から，ヒトの錯視に関してはこれまでに数多くの精力的な研究がおこなわれてきた (Coren & Girgus, 1978; 後藤・田中, 2005; 今井, 1984; Robinson, 1998 など)。例えば Robinson 著『The Psychology of Visual Illusion』(1998 年) は，11 の章・約 300 ページからなる錯視に関する本であるが，序章に続いて，長さ・大きさの錯視，位置の錯視，方位（角度）の錯視など，種々の幾何学的錯視に関する現象的説明（第2～4章），図形残効（第5章），幾何学的錯視に関する理論（第6章），奥行きと距離に関する錯視（第7章），明るさの錯視（第8章），運動に関連した錯視（第9～11章）という構成になっている。後藤・田中編『錯視の科学ハンドブック』(2005 年) は，日本でおこなわれた錯視研究を中心にまとめた，5つの章・約 600 ページからなる錯視に関する本であり，錯視研究の意義（第1章），錯視の種類（第2章），錯視の成り立ち（第3章），錯視の説明（第4章），錯視の応

(d) 明るさの錯視
白背景上にある灰色のほうが，黒背景上のものよりも暗く見えるが，実際にはどの灰色も同じ明るさである。

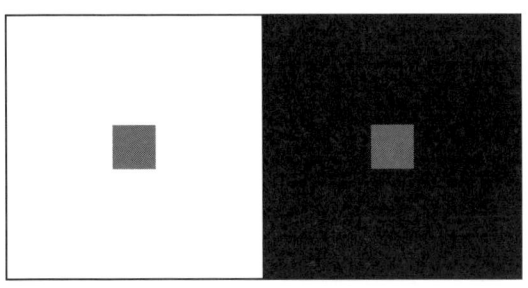

(e) ジャストロー錯視
扇形にカットされたバームクーヘンを2つ並べたような図で，2つは全く同じであるにもかかわらず，弧の外側（上側）に置かれた扇形の方が小さく見える。

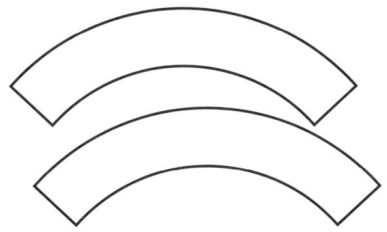

(f) 長方形の幅錯視
左の背の高い長方形の横幅よりも，右の背の低い長方形の横幅のほうが広く見えるが，実際にはどちらの長方形の幅も同じである。

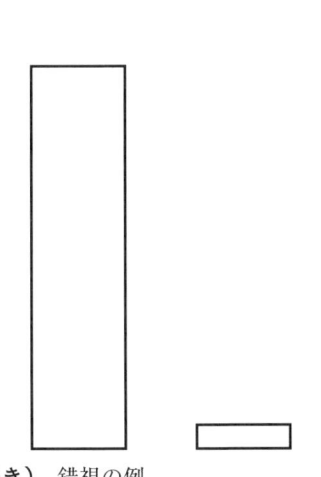

図 1-1（続き）　錯視の例

用（第5章）と，幅広い観点から錯視研究の動向についてまとめている。これらの文献によれば，先に挙げたミュラー・リヤー錯視やツェルナー錯視など，古いものでは19世紀後半から現在に至るまでに何百種類もの錯視が発見され，それらについての現象が記述されてきた。また，こうした錯視がどのようなメカニズムによって生じているのかといった説明に関しては，心理，工学，生理，物理，数理といった観点から理論やモデルが構築されてきた。ヒトの錯視研究には長い歴史があり，錯視の分類や説明が多くの研究者によっておこなわれてきたことが分かる。このような錯視研究の積み重ねによって，ヒトの錯視がどのような視覚処理過程よって生じているのかが少しずつ明らかにされている。

1-2　ヒト以外の動物における錯視研究の意義

■これまでの動物における錯視研究

　ところで，錯視はヒトだけに生じているものなのだろうか。ほとんどの動物は眼をもっており，視覚情報に頼って生活しているものも多いことを考えると，ヒト以外の動物（以下，単に動物）で錯視が生じていても不思議ではない。実際に，これまでにも動物を対象とした錯視の研究は存在する。前節でも触れたRobinson (1998) では，分量にしてわずか1ページではあるが，第4章のなかに動物における錯視に関する節がある。後藤・田中 (2005) にも動物の錯視という節（藤田, 2005）があり，13ページにわたって動物の錯視研究の意義とこれまでの知見がまとめられている。ヒトの錯視研究に割かれているページ数との違いを見れば明らかなように，決してその数は多くはないもの

1-2 ヒト以外の動物における錯視研究の意義

(g) 垂直水平錯視
水平線分よりも垂直線分のほうが長く見えるが，実際にはどちらの線分も同じ長さである。

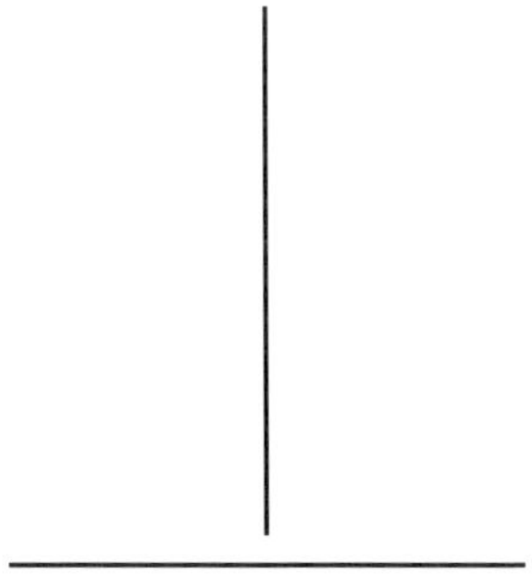

(h) オッペル・クント錯視
右から2番目の線分は，両端の線分の中間に位置しているが，右側に寄っているように見える。黒線分によって分割された左半分の空間が，分割されていない右半分の空間よりも広く見える錯視である。

(i) エーレンシュタイン錯視
台形に見える四角形は，実は長方形である。

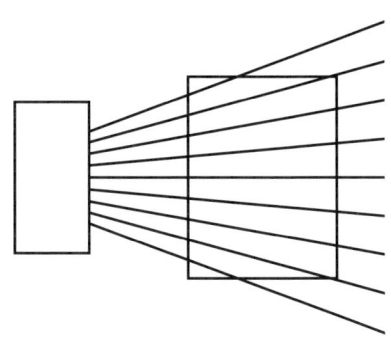

図 1-1（続き） 錯視の例

の，古くは20世紀前半からそのような研究がおこなわれ，動物でも「ヒトと同じように」錯視が生じていることを示唆する結果が報告されてきた。

　動物の錯視に関する最も古い研究のひとつは，Révész（1924）によるニワトリがジャストロー錯視図（図1-1(e)）をどのように見ているかを調べたものである。ジャストロー錯視図とは，扇形にカットされたバームクーヘンを2つ並べたような図で，2つは全く同じであるにもかかわらず，ヒトにとっては弧の外側（図1-1(e)でいうと上側）に置かれた扇形のほうが小さく見える。ヒトが調査対象であれば「どちらの扇形のほうが小さく見えますか？」と言語で尋ねることによって錯視が生じているかどうかを確かめることができる。しかし，動物に対して図形の見え方を言語で報告させることはできない。言語を用いることなく大きさを報告させるにはどうしたらよいだろうか。最初にRévészは，1羽のニワトリに大きさの異なる2つの円図形を同時に見せ，小さいほうの円を選ぶ（つつく）ことを訓練した。正解である小さい円を選択した場合には，ニワトリの餌である穀物を与えた。しかし不正解である大きい円を選択した場合には，餌を与えなかった。24回中20回正解した段階で，ニワトリは小さいほうの円を報告することを学習したとみなし，この最初の訓練を終了した。次の訓練段階では，円の代わりに長方形や三角形などをニワトリに見せ，先と同様のやり方で小さいほうの図形をつつくことを訓練した。このような訓練の後でテストに移る。テストではジャストロー錯視図を見せ，ニワトリがどちらの図形を選択するかを調べた。もし，ニワトリでもヒトと同じように錯視が生じているとすれば，「小さく」見える外側の扇形を選択するだろう。実際，ニワトリはそのような行動を示した。初日は13回テストして12回，翌日は9回中7回でそうした行動が観察

(j) 回廊錯視

小さい人の後ろを大きな人が歩いているように見えるが，実は両者とも同じ大きさである。
(Reprinted from *Behavioural Brain Research*, 132, Barbet & Fagot, Perception of the corridor illusion by baboons (*Papio papio*), 111-5., Copyright 2002, with permission from Elsevier.)

(k) ポンゾ錯視

3本の水平線分のなかで，一番上に位置するものが最も長く見えるが，実際はどれも同じ長さである。

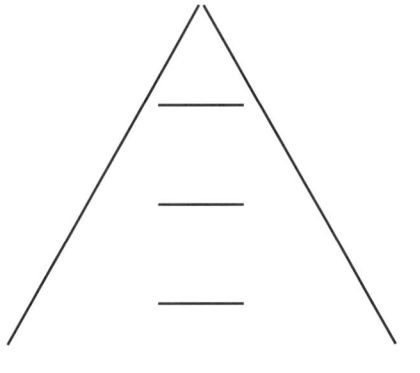

(l) 主観的輪郭

実際には黒いパックマン（切り欠き円）が3つ並んでいるだけの図であるが，黒円の上に明るい白い三角形があるかのように見える。

図 1-1（続き） 錯視の例

されたという。この結果からRévészは，ニワトリでもヒトと同じように ジャストロー錯視が生じていると結論している。

　これと同じような研究方法によって，他の動物の錯視も調べられている。例えば，Winslow (1933) は，ヒヨコでもヒトと同じようにミュラー・リヤー錯視，長方形の幅錯視（図1-1 (f)），垂直水平錯視（図1-1 (g)），オッペル・クント錯視（図1-1 (h)）が生じていると報告した。Dominguez (1954) は，サルが垂直水平錯視と長方形の幅錯視を知覚すると報告した。Dücker (1966) は，モルモット，ムクドリ，フナがエーレンシュタイン錯視（図1-1 (i)），エビングハウス・ティチェナー錯視，ツェルナー錯視，ベニスズメ類がツェルナー錯視とエビングハウス・ティチェナー錯視，ニワトリとツグミがツェルナー錯視を知覚するとした。その他にも，アカゲザルにおけるエーレンシュタイン錯視 (Bayne & Davis, 1983)，ヒヒにおけるツェルナー錯視 (Benher & Samuel, 1982)，回廊錯視（図1-1 (j)；Barbet & Fagot, 2002)，ウマにおけるポンゾ錯視（図1-1 (k)；Timney & Keil, 1996) の報告がある。

　無脊椎動物である昆虫を対象とした研究報告もある。Geiger and Poggio (1975) は，ハエがミュラー・リヤー錯視図をどのように見ているかを調べた。ヒトがこの錯視図を見ているときの眼の動く範囲を測定すると，線分が短く見える外向矢印図（⟵⟶）に比べて，線分が長く見える内向矢印図（⟶⟵）を見ているときのほうが，その範囲が広くなることが知られている。ハエにミュラー・リヤー錯視図を呈示したところ，ハエが見ている範囲もヒトと同様の結果となった。ただし，ミュラー・リヤー錯視図によって引き起こされる眼の動きと実際に錯視が生じることの関係はヒトでも明らかになっていないこと，さらに，ハエがヒトと同じようにこの錯視図を見ていることと錯視が生じていることとは別の話であることをふまえると，この実験結果か

らハエでもミュラー・リヤー錯視が生じていたと結論するのは難しいかもしれない。ミツバチでも研究がされており，色の対比現象（図1-1(d)），滝の錯視[1]（Srinivasan & Dvorak, 1979）や主観的輪郭（図1-1(l)；Srinivasan, Lehrer, & Wehner, 1987; 日本語の文献として水波, 2006）が生じていると報告されている。

■動物の錯視から見えるもの

これらの研究から，動物でも「ヒトと同じように」錯視が生じていることが分かったと思う。実はこれまでの動物の錯視研究は「ヒトと同じ錯視が動物でも生じていることを示そう」という立場に則っておこなわれたものが大半で，ヒトの錯視から予測されるものとは異なる結果が得られた場合には，実験条件の不備として扱われることもあった（例えばDücker, 1966）。もちろん，「私たちヒトは錯視という不思議な現象を体験しているけれども，動物にも同じようなことが起こっているのかな？」といった素朴な疑問は，それ自体興味深いものである。しかし，錯視研究をそれだけの目的で終わらせてしまってはもったいないのではないだろうか。

ヒトの錯視は，ヒトの視覚システムが環境から効率よく情報を引き出すために設けている制約を示すものであることは先に述べた。もし，そうした制約が全ての動物に共通なものであるのなら，他の動物でもヒトと全く同じ錯視が生じることになる。しかし，ヒトと全く同じ生き方をしている動物はヒト以外には存在しないわけで，生活環境，移動様式，食性など，動物によってその生き方は多様であり，環境から引き出すべき情報も大きく違ってくるはずである。そのように考え

---

[1] 滝が流れている様子をしばらく観察した後で，周囲の景色を見ると，景色が上へ動いているかのように見える現象。

ると，それぞれの動物の視覚システムがもつ制約は互いに異なるものであり，そうした制約を示す錯視も動物によって異なる側面が存在するはずである。ハトにはハトの，ニワトリにはニワトリの，チンパンジーにはチンパンジーの，ミツバチにはミツバチの，そしてヒトにはヒトの錯視が存在していてもいいはずである。それにもかかわらず，動物の錯視研究でヒトと同じ側面だけを明らかにしていこうというのは，物事の一部分だけを捉えて満足してしまっているように筆者には感じられる。ヒトの錯視と他の動物の錯視を比較したときに，どのような点が共通していて，どのような点で異なっているのか。それらはそれぞれの動物がもっているどのような視覚特性によって生じているのか。このように，動物が共通にもっている特徴に加え，それぞれの動物の個性も明らかにしていくことこそが，動物の錯視研究の醍醐味ではないだろうか。

　さらにこうした研究は，ヒトの錯視に関する新たな発見を生み出すことも期待できる。旅行先で自分が慣れ親しんだものとは大きく異なる文化や慣習に触れたときに，驚きや感動を覚えると同時に自身の文化の特徴を再認識することがある。あるいは「自分は，勉強は得意だがスポーツは苦手だ」といったような自身についての特徴は，他者との比較において初めて分かるものである。錯視に関しても同じで，ヒトの錯視研究からだけでは分からなかったが，他の動物の錯視と比較することで初めて明らかになる特徴があるはずだ。動物の錯視研究は，これまでに数多く行われてきたヒトの錯視研究にも貢献できる可能性を秘めているのである。

1-3　錯視の進化へのアプローチ

■ポンゾ錯視の種比較研究

　視覚システムの進化を明らかにするという立場から動物の錯視を研究したものは過去に1つだけある（2012年現在）。Fujita らは一連の研究のなかで，ハト，アカゲザル，チンパンジー，ヒトが，ポンゾ錯視図（図1-1(k)）をどのように知覚しているかを比較した（Fujita, Blough, & Blough, 1991, 1993; Fujita, 1996, 1997。これらの成果をまとめたものとして，Fujita, 2001a; 藤田, 2005）。ポンゾ錯視図にはいくつかバリエーションがあるが，最も有名なものは図1-1(k)のような図である。短い水平線分と傘のように上方に向かって収斂する2本の線分があるとき，物理的には同じ長さの水平線分でも，傘の頂点に近いものほど長く見える現象である。この図の場合，最上段にある水平線分が最も長く見える。

　この一連の種比較研究では，動物種の違い以外の要因が実験結果に与える影響を最小限にするため，どの動物もできる限り同じ実験条件でテストされた。例えば，前節で紹介したこれまでの錯視研究の多くは，紙などに描いた錯視図形を実験者が動物に直接見せるといった方法でおこなわれていたが，この研究では，実験は完全にコンピュータプログラムによって制御され，錯視図形はモニタ画面上に呈示された（図1-2(a)）。モニタにはタッチセンサーが取り付けられており，アカゲザル，チンパンジー，ヒトの場合は指や手で画面に触る行動，ハトの場合は画面を嘴でつつく行動が反応として検出された（図1-2(b)）。ヒト以外の動物については，課題に正解すると，パソコンからの命令によって，正解であることを知らせるための合図である音や光が呈示されると同時に食物呈示装置が作動し，動物は食物を食べることがで

(a) パソコンからモニタ画面への出力

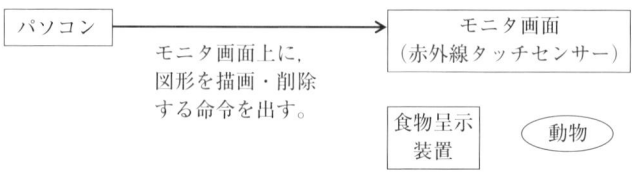

(b) 動物の反応を検出する

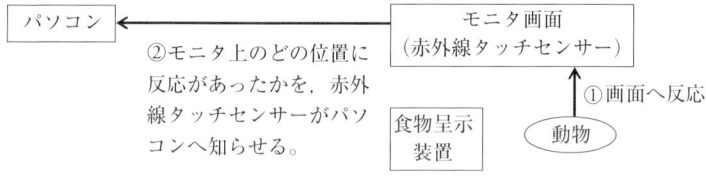

(c) 食物呈示装置を作動させる

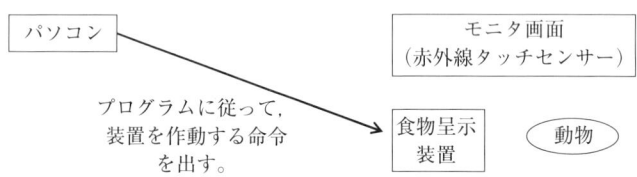

図 1-2　実験装置のおおまかな仕組み

きた（図1-2(c)）。不正解の場合は，音や光は呈示されず，食物を食べることもできなかった。ただし，全ての正解に対して食物を与えているとすぐに満腹になり，きちんと課題に取り組んでくれなくなってしまうため，正解時には音や光による合図は常にあったが，食物に関してはある一定の割合（動物種によって異なる）でのみ与えられた。

■ ハトのポンゾ錯視

Fujitaら（1991）は，ハトがポンゾ錯視図をどのように見ているかを調べた。1つ目の実験では，初めにモニタ画面上の左右に並べられた2本の垂直線分のうちの長いほうに反応する（つつく）ことを訓練した（図1-3(a)）。その後，垂直線分の上下に，2本の水平平行線分（図1-3(b)）もしくは左右いずれかの方向に収斂する2本の線分からなる「傘」（図1-3(c)）を付加した図形でテストしたところ，傘の頂点側の垂直線分が短い条件（図1-3(c)左）でのみ正答率が著しく低下した。この結果は，ハトでもヒトと同様のポンゾ錯視が生じていたと考えると説明がつく。つまり，正答率が低かった条件では，錯視によって短い垂直線分が少し「長く」見えたため，もう一方の物理的に長い垂直線分との違いが分かりにくくなってしまったのである。

2つめの実験では，モニタ画面上に単独呈示される水平線分（標的線分）を「長い」・「短い」のいずれかに振り分ける訓練をおこなった（イメージとしては第2章の図2-5(a)。ただし，実際にこの実験で使われた線分の長さとは異なる）。画面上の標的線分に反応すると，標的線分の右下に黒く塗りつぶされた正方形（■），左下に黒枠の白い正方形（□）が同時に呈示された（第2章の図2-5(b)）。あるハトの場合は，予め定められた値よりも標的線分が長い場合には■を，逆に短い場合には□に反応すると正解であった。つまり，■・□はそれぞれ「長

◆ 第1章 錯視研究の意義とその可能性

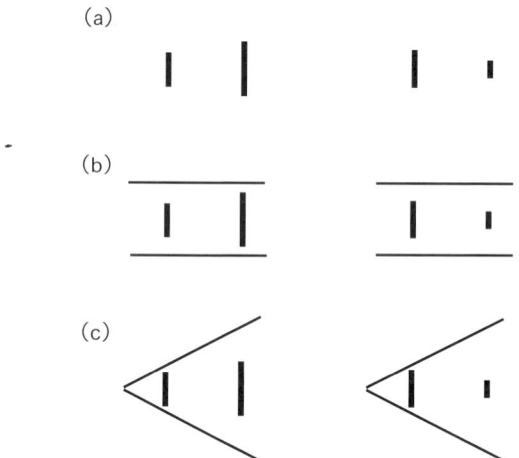

図 1-3 Fujita ら（1991）1 つ目の実験で用いられた図形
(Fujita, Blough, & Blough, 1991 をもとに作成)

い」・「短い」を報告するアイコンになっていた。別のハトでは，■が「短い」，□が「長い」に割り当てられた。この訓練でハトが線分の長さを報告できるようになった後で，最終訓練として，標的線分の左右に垂直方向の線分群を呈示した（図 1-4(a) 最終訓練）。ハトは，垂直方向の線分群がないときと同様の長さ報告をおこなうことが求められた。この図形に対しても，ハトが線分の長さを報告できるようになった後でテストをおこなった。テストでは，上方向に収斂する計 8 本の線分からなる「傘」を付加した図形を呈示した（図 1-4(b) テスト）。テストの結果は，傘の頂点に近い位置に標的線分があるとき（図 1-4(b) テストの最上段）のほうが，頂点から遠い位置にある場合（図 1-4(b) テストの最下段）に比べて，同じ長さの標的線分であっても「長い」という報告が多くなることが分かった。このことから，ハトでもヒトと同様のポンゾ錯視が生じていることが明らかとなった。

1-3 錯視の進化へのアプローチ

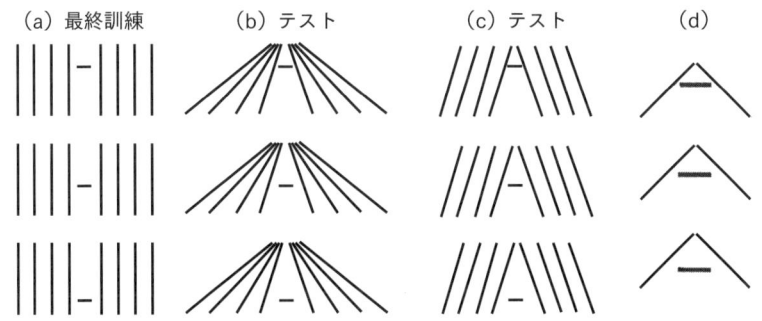

図 1-4 (a)〜(c) Fujita ら（1991）実験 2 と 3 で用いられた図形の例
(d) Fujita らによる一連の実験で，ハト，アカゲザル，チンパンジー，ヒトの 4 種に対してテストした錯視図の例

(Fujita ら, 1991 をもとに作成)

■「奥行き感」がポンゾ錯視を引き起こしているのか？

　ポンゾ錯視を引き起こす原因にはいくつかの可能性が考えられるが，そのうちのひとつに傘（収斂線分群）が生み出す「奥行き感」がある。例えば，ヒトが図 1-5 の線路の写真を見ると，写真自体は 2 次元であるにもかかわらず，「手前」から「奥」に向かって線路が延びているといった 3 次元の世界を感じとる。平行でずっと同じ幅であるはずの線路が，「手前」（写真下側）から「奥」（写真上側）に行くにしたがってその幅が小さくなるように写っており，これが奥行き感を生み出す主な原因となっている。ポンゾ錯視図の傘とこの線路を見比べてほしい。下から上に向かって収斂している点で共通していることが分かる。ポンゾ錯視図の傘が奥行き感を生み出しているとすれば，傘の頂点に近い線分ほど「奥」にあると認識されることになる。2 次元平面上では「手前」よりも「奥」にある線分のほうがより小さく描かれるので，物理的に同じ長さとして描かれているならば「奥」の線分の

◆◆ 第1章 錯視研究の意義とその可能性

図 1-5　線路の写真が生み出す「奥行き」感とポンゾ錯視
(写真提供:フリー写真配布サイト―フォトック―)

ほうが実際には長いはずである。よって，傘の頂点に近い線分ほど長く見えるのではないか。以上が，奥行き感によってポンゾ錯視が生じているのではないかという仮説である。

　この可能性を検討するために，Fujita ら (1991) の3つ目の実験では，奥行き感の異なる2種類の図形をハトがどのように見ているかを比べた。一方の図形は，先に説明した2つ目の実験で用いたものと同じ (図 1-4(b) テスト) であった。もう一方の図形は，標的線分に最も近い内側の傘は同じだが，その外側の傘が上方に収斂せず平行になっていた (図 1-4(c) テスト)。少なくともヒトにとっては，後者よりも前者の図形に対して強い奥行き感を感じるため，もし，奥行き感の強さが錯視に影響を与えるならば，前者の図形のほうが錯視の効果がよ

20

り強く現れるはずである。ハトでテストした結果，この仮説に反して2種類の図形間で錯視の強さに差はみられなかった。つまり，ハトのポンゾ錯視は奥行き感の強さによるものではないことが示されたのである。

■ハト，アカゲザル，チンパンジー，ヒトの結果の比較[2]

Fujita (1997) は，ハトの実験と同様の手続きで，アカゲザル，チンパンジー，ヒトもテストしている。その結果，4種全てにおいて傘の頂点に近い側の標的線分がより長く見えている，つまりポンゾ錯視が生じていることが分かった。さらにどの種においても，図1-4(b)，(c)のような図に対しては，奥行き感が強くなると強いポンゾ錯視が生じるといったことは確認されなかった[3]。

しかし，4種で全く同じように錯視が生じているわけではないことも明らかになった。錯視の強さ（錯視量）を比べると，ハトとそれ以外の3種で大きく異なることが分かった。標的線分が傘の中段にあるとき（図1-4(d)真ん中）よりも頂点側にあるとき（図1-4(d)最上段）のほうがどの程度長く見えるか[4]を比べると，ハトは20％以上であったのに対し，他の3種では3〜5％程度であった（藤田, 2005）。つまり，ハトでは非常に強い錯視が生じていたことが分かる。ただし，この差

---

[2] 本書ではハトとそれ以外の種に関する結果を中心にまとめたが，霊長類3種間（アカゲザル，チンパンジー，ヒト）でも，興味深い種差が報告されている。そちらに関しては，藤田 (2005) などを参照してほしい。

[3] ただし，図1-5のような写真内の自然な奥行き感による錯視誘導効果については，ヒトではその錯視効果が強いのに対し，アカゲザルではヒトに比べるとその効果は弱いことが報告されている（Fujita, 1996; 日本語の文献としては藤田, 2005）。

[4] どの程度長く見えるかを調べる方法については，第2章・実験1の結果に記載した「錯視量」の求め方を参照してほしい。

を生んだ原因が何であるかについて，この研究からは明らかになっていない。

1-4 トリの眼から錯視現象を探る

Fujitaらの研究は，ヒトの錯視が絶対的なものではなく，動物によってその生じ方が異なる場合があることを示した。鳥類（ハト）と哺乳類（アカゲザル，チンパンジー，ヒト）との間で確認された種差は，これらの動物のものの見方には何らかの違いがあり，それが錯視の違いとして表れている可能性を示すものである。もしそうであれば，ポンゾ以外の錯視についても，同様のあるいはもっと大きな種差がみられるはずである。筆者はこの点に着目し，ヒトとハト，そして別の鳥類であるニワトリがさまざまな種類の錯視図をどのように見ているのかを調べ，比較する研究を実施した。本書では，第2章以降でその一連の研究成果を紹介し，そこから何が明らかになったかを記していく。ただし，その前に本書の主役となる鳥類（ハトとニワトリ[5]）について，簡単に述べておきたい。

■鳥類とヒトの類似点・相違点

ヒトと鳥類は互いに遠い進化の道筋を歩んできた。哺乳類は，哺乳

---

5) 本書では，ニワトリの一品種である桂チャボを研究対象とした。ニワトリと聞いて一般的に思い浮かぶことが多い白色レグホン（採卵鶏）に比べて体の大きさがハトに近く，比較対象としてより適しているためである。ちなみにそれぞれの体重は，ハトは350〜550グラム程度，チャボはオスで650〜850グラム程度，メスで500〜650グラム程度である。白色レグホンの体重は，遠藤著『ニワトリ――愛を独り占めにした鳥』42ページの記載によれば2000グラム程度である。

類と爬虫類の共通祖先から分かれて進化してきたと言われており，現在発見されているなかでは最古の哺乳類といわれるアデロバシレウス（*Adelobasileus cromptoni*）が生息していたのが，今から2億2000万年ほど前の中生代三畳紀後期と推定されている．一方，鳥類については，恐竜としての特徴（歯や長い尻尾など）と鳥類としての特徴（羽毛）の両方を併せもっていた始祖鳥が生存していたのが，ジュラ紀後期（1億6000万～1億4000万年前）と言われている．ただし，現存する鳥類の直接の祖先については未だ明確にはなっておらず，始祖鳥やそれと比較的近い年代に生息していたとされる孔子鳥や遼寧鳥などとの共通祖先から分かれてきたと考えられている．いずれにせよ，このように遠縁の動物である哺乳類と鳥類では，それぞれの見ている世界が互いに大きく異なるものであったとしても不思議ではないだろう．

　例えば，我々がものを見る際に脳は不可欠な存在であるが，その脳に関して鳥類と哺乳類では類似点と相違点があることが報告されている．まず，脳全体の大きさ（重さ）に関して，体重に比べて脳がどの程度重いかといった関係をさまざまな脊椎動物で調べると，哺乳類と鳥類の脳は相対的に"大型"のグループに入る．また，脊椎動物の脳は「前脳（さらに，大脳と間脳に分かれる）」「中脳」「後脳」に分かれるが，哺乳類・鳥類ともに大脳が大きく発達している．ただし，鳥類では中脳もかなり大きいのに対し，哺乳類の中脳は小さい．本来，視覚情報処理は主に中脳が担っているもので，鳥類はその進化の過程において中脳を発達させることで，優れた視覚機能を獲得してきた．一方で哺乳類の祖先は，恐竜が繁栄していた時代に彼らとの競合を避け，夜行性としての道を歩んだ．その際，見ることがあまり重要ではなく

なったため，それに関わる脳部位であった中脳が退化[6]したとされている。その後，昼行性の生活に戻った霊長類は，本来見ることに使っていた中脳ではなく，前脳の一部である間脳（視床）を視覚経路として発達させることにより，優れた視覚機能を再び手に入れることになった。ちなみに，感覚の処理に関して前脳が本来担っているのは嗅覚といわれている。鳥類・霊長類ともに，眼球内の網膜から大脳に至る視覚情報処理には2つの経路があるが，鳥類では中脳（視蓋）を介する経路（網膜→視蓋（中脳）→視床（間脳）→大脳）が主要なものであるのに対し，霊長類では中脳（上丘）を介さない経路（網膜→視床（間脳）→大脳）が主要なものとなっている（図1-6(a)）。また，大脳の構造にも両者で違いがある。大脳は，外側にある「外套」と内側にある「基底核」という2つの大きな構造に分けられるが，哺乳類（霊長類）の外套は細胞が積み重なった層構造（「皮質」と呼ばれる）であるのに対し，鳥類の外套は細胞のかたまりからなる核構造となっている（図1-6(b)）。ヒトも鳥類もともに「見る」能力は優れているが，それを実現している脳神経構造に違いがあることが分かる（以上，本項ここまでの内容に関しての詳細を知りたい方は，細川, 2008; NHK「恐竜プロジェクト」・小林, 2006; 渡辺, 2001, 2010; 渡辺・小嶋, 2007を参照してほしい）。

　ハトの視覚情報処理を調べた行動研究からも，ヒトの視覚情報処理との類似性と相違点の両方が報告されている。以下，特に本書で紹介する錯視研究との関係が深いと思われる知見を取り上げて，簡単に紹介しよう。

　ハトがヒトと類似した傾向を示した例として，アルファベット文字

---

[6] 中脳の退化以外にも，色覚に関与する網膜の視細胞について，4種類あったもののうち2種類を夜行性として生活する過程で失ったとされている。

1-4 トリの眼から錯視現象を探る

(a) 視覚経路

鳥類　　　　　　　　　霊長類

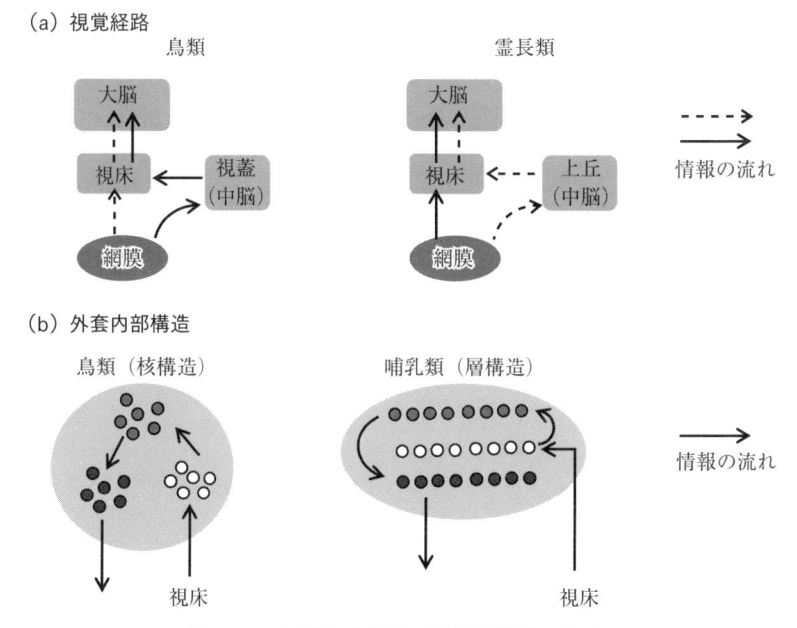

（図：網膜→視蓋（中脳）→視床→大脳；網膜→視床→大脳）
（図：網膜→上丘（中脳）→視床→大脳；網膜→視床→大脳）

情報の流れ

(b) 外套内部構造

鳥類（核構造）　　　哺乳類（層構造）

視床　　　　　　　　　視床

情報の流れ

図 1-6 鳥類と哺乳類の脳神経構造の概略

(a) 眼球内の網膜から大脳に至る 2 つの視覚情報処理経路がある点においては，鳥類・霊長類で共通している。しかし，主要な経路（太い矢印）が両者で異なる。
(b) 大脳の「外套」と呼ばれる部位における構造の違い。鳥類では細胞のかたまりからなる核構造であるのに対し，哺乳類では細胞が積み重なった層構造である。

(渡辺，2010 をもとに描く)

の認識に関する研究がある（Blough, 1985）。ヒトの場合，例えば M，N，W といった文字は互いに似たものとして見えるが，S と K はかなり違ったものとして見える。ハトではどうだろうか。Blough は，一壁面に 3 つのキー（スライドガラス）が取り付けられた実験用の箱にハトを入れてテストした。キーの背後に設置したモニタによって，各キーにアルファベット文字が 1 つずつ呈示されるようにした。各問題

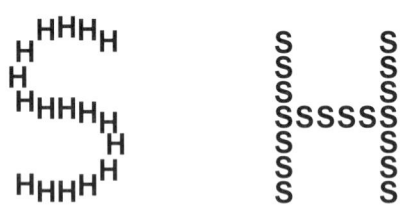

◆ 第 1 章　錯視研究の意義とその可能性

図 1-7　Navon 型階層図形の例

で2種類のアルファベット文字が呈示された。つまり，3つのうち1つだけ異なるアルファベット文字があり，ハトがその違う文字が呈示されたキーをつつくと正解であった。もし，呈示された2種類のアルファベット文字が全く違うものとして見えている場合，正しいキーをつつくことができる確率は高くなるであろう。逆に，2種類のアルファベット文字が類似して見える場合，それらを見分けることが難しくなるため，正答率は悪くなるだろう。そのような方法でハトをテストした結果，ハトにおけるアルファベット文字の認識は，ヒトにおけるそれと類似した傾向にあることが分かった（例えば，M，N，Wは互いに類似したものとして見えている）。

　一方，ハトとヒトで大きな違いが生じる例として，Navon 型の階層図形を用いた研究がある。例えば図 1-7 を見たときに，左にS，右にHという文字があると多くのヒトは認識すると思う。しかし細かい部分をよく見てみると，左は小さいHという文字が集まって大きなSという文字を，右は小さいSが集まって大きなHという文字を構成していることが分かる。このような図形は Navon 型階層図形と呼ばれる（Navon, 1977）。ヒトがこのような図形を見ると，個々の文字要素よりも全体として構成されている文字を認識する傾向が強い，つまり全体志向的な情報処理をおこないやすい傾向が報告されている

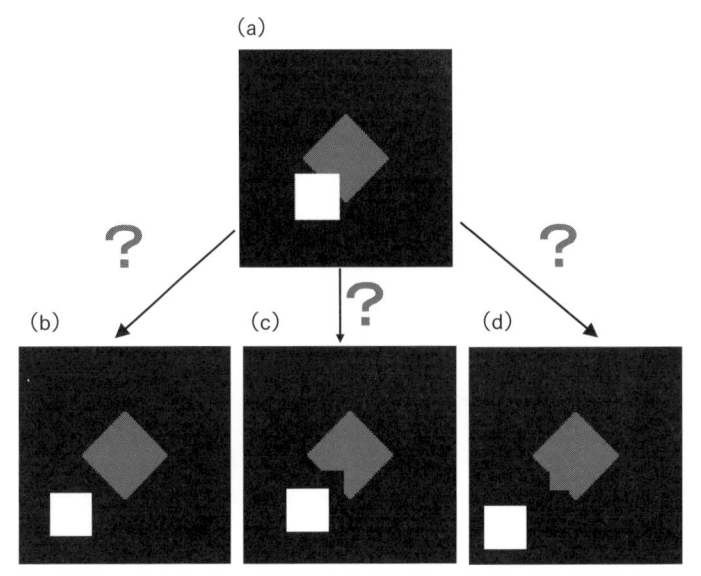

図 1-8 アモーダル補間が生じている例，生じていない例

(Navon, 1977, 1981, 1983)。物事全体よりもその細部に注意を向けることを意味することわざに「木を見て森を見ず」というものがあるが，ヒトの場合は「木よりも森を見る」わけである。しかしハトの場合，特殊な状況を除いて基本的にはヒトとは逆の傾向を示す，つまり「森よりも木を見る」といった局所志向的な情報処理傾向が強いことが報告されている[7]（例えば，Cavoto & Cook, 2001; 関口・牛谷・実森, 2011）。

アモーダル補間と呼ばれる錯視現象でも，ハトはヒトと大きな違いを示すことが知られている。例えば「図 1-8(a) にはどのような図形

---

7) 階層構造をもつ図形の認識については，ハト以外の動物（アカゲザル，ギニアヒヒ，フサオマキザル，チンパンジーなど）でも，全体よりも個々の要素に注意を向ける傾向が強いことが報告されている。詳しくは，後藤 (2009) などを参照してほしい。

が描かれているか説明してください」と言われたら，あなたはどのように答えるだろうか。「白い正方形の後ろに灰色の菱形（厳密には，45度回転した正方形）がある」と答える読者が多いのではないだろうか。複数の物体が重なっている様子を2次元平面上で表現すると，通常，背後に隠された部分は描かれない。しかし，ヒトはそれを見たときに，描かれていない部分は自身からは直接見えていないだけで，実際には存在するものとして捉える。つまり，見えない部分を「補う」ことによって菱形という形を認識する（図1-8(b)）。このような現象をアモーダル補間という。実際には，他にもいろいろな解がありうる（例えば，図1-8(c)，1-8(d)）にもかかわらず，ヒトは自動的に図1-8(b)のような補い方を「正解」として導き出してしまうのである（Rauschenberger & Yantis, 2001; Rensink & Enns, 1998; Sekuler & Palmer, 1992）。「隠された」部分も含めて図形全体を捉えようとするこうした現象は，ヒトの全体志向的なものの見方によるものであると考えられる。ところが，ヒトでは当然のように生じるこの現象が，ハトでは生じていないことが数多くの研究実験から示唆されている（Cerella, 1980; DiPietro, Wasserman, & Young, 2002; Fujita & Ushitani, 2005; Sekuler, Lee, & Shettleworth, 1996; Ushitani & Fujita, 2005; Ushitani, Fujita, & Yamanaka, 2001; Watanabe & Furuya, 1997など[8]）。つまり，図1-8(a)のような図形に対して，ハトは欠損部分を補わない図1-8(c)のような見方をしているわけである。これは，Navon図形の事例と同様に，ハトの局所志向的な情報処理傾向によるものであると考えられる。なお，ニワトリに関しては，ヒヨコを対象におこなった研究がいくつかあり，アモーダル補間に肯定的

---

[8] これらの研究について，日本語で詳細を知りたい方は，大山（監修），山口・金沢（編集）『心理学研究法4 ── 発達』の第10章「知覚・認知の種間比較」（牛谷執筆）を参照してほしい。

な結果が報告されている（例えば，Lea ら, 1996; Regolin & Vallortigara, 1995）。

■ハトとニワトリを導き手として

　このように，鳥類の視知覚に関する行動研究といえば，その多くはハトを研究対象としたものであった。優れた視覚機能を備えていることに加え，実験室実験をおこなう際に取り扱いやすい体サイズであること，そして多くの行動研究からその行動特性がよく知られていることなどがその理由であると思われる。本書ではそのハトに加え，ニワトリも比較対象とするわけだが，そもそも2種の鳥類を比較する意義は何なのであろうか。

　ハトとヒトの比較実験をして，仮に何らかの種差を確認したとしよう。それがハトとヒトのどのような違いによって生じているのかと考えたときに，少なくとも2つの可能性が存在する。1つは先に述べた鳥類・哺乳類（霊長類）の違いである。そしてもう1つは生活様式（移動様式，食性など）の違いである。例えば移動様式に関して，ヒトは地上を歩いたり走ったりといった水平方向の移動をするのに対し，ハトは大空を自由に飛びまわることで垂直方向の移動も加わる。このように互いが全く異なる環境で生活する動物の間では，それぞれの環境から引き出すべき情報も大きく異なると考えられる。もちろん，ハトとヒトの2種間比較研究からだけでも多くの重要な事実が明らかになるのだが，さらに上に挙げたような可能性を検討するためには，同じ鳥類でもハトとは生活様式の異なる種を第3の比較対象として加える必要がある（あるいは，進化的な距離はヒトと近いがハトのような生活様式をもつ種でもよいが，そのような動物は少なくとも筆者が知る限りでは存在しない）。

◆◆ 第1章　錯視研究の意義とその可能性

　そこで筆者が第3の動物として選んだのがニワトリである。ニワトリはハトと同じ鳥類であるがその生活様式は大きく異なる。移動様式に関しては，ニワトリはハトとは違って基本的に地上を歩いて生活する。食性に関しては，ハトが基本的に穀物食であるのに対し，ニワトリは虫など動く対象も餌とする雑食の鳥である。動物にとって重要な「食」に関するこのような違いは，移動様式の違いと同様，それぞれの動物におけるものの見方に大きな影響を与えてきたかもしれない。ハトとニワトリで錯視の生じ方を比較したときに，もし両種が同じ傾向を示せば，ハトとヒトにおける種差を生んだ要因を鳥類・哺乳類の違いに求めることができるだろうし，逆にハトとニワトリで違う結果なら，ハトとヒトにおける違いの原因を生活様式の違いに求めることができるだろう。

1-5　本書の構成

　本書では，ヒトとハト，さらにニワトリを加えた3種が，さまざまな錯視図をどのように見ているかを比較した研究を紹介していく。そのなかで，それぞれの動物が見ている世界がどのような点で共通して，またどのような点で異なっているのかを明らかにすることを目的とする。

　初めに，ポンゾ錯視図と同様，長さの錯視が生じるミュラー・リヤー錯視図をハトとヒトがどのように見ているかを比べた研究を紹介する（第2章）。これは，ポンゾ錯視研究で得られた知見が長さの錯視一般に当てはまるものかどうかを検討するために実施したものである。次に，大きさの錯視として知られるエビングハウス・ティチェナー錯視

図と同心円錯視図をハトとヒトがどのように見ているかを比べた研究を紹介する（第3章）。長さという1次元の世界でみられた錯視の種差は，大きさという2次元の世界でもみられるものかを調べる研究であったが，先に種明かししてしまうと，ポンゾ錯視やミュラー・リヤー錯視で示された以上に大きな，予想外の種差を発見することとなった。

　この種差を生み出しているものは何なのか。先に述べたように，ハトとヒトでは少なくとも2つの違い（鳥類と哺乳類による違い，生活様式の違い）があるため，どちらの違いが影響しているかを明らかにするためには，同じ鳥類でもハトとは生活様式の異なる種を第3の比較対象として加える必要がある。そこで，ニワトリで大きさの錯視（エビングハウス・ティチェナー錯視と同心円錯視）がどのように生じているかを調べ，この問題を検討する（第4章）。さらに，ヒトとハトにおいて錯視の種差を生み出す原因となる「ものの見方の違い」について1つの仮説を立て，それを検証するために実施した研究（ニワトリは本当にアモーダル補間するのか）を紹介する（第5章）。

　第6章では，第2～4章で発見された錯視の種差がどの程度一般性をもったものであるかを検討するため，「角度（傾き）」に関する錯視として知られるツェルナー錯視図をヒト，ハト，ニワトリがどのように見ているかを調べ，比較した研究を紹介する。

　最後の章では，本書で紹介した研究に関するまとめと考察を記した。

コラム①

不良設定問題
─解けないはずの問題を難なく解く視覚システム─

　私たちがものを見るためには，初めに外界の光を眼から体内に取り込むことが必要となる。眼球内には網膜と呼ばれる神経細胞の集まった薄い膜があり，光情報は網膜にある視細胞で電気信号に変換される。その信号は最終的に脳に送られ，複雑な処理過程を経た結果，ものを見ることが可能となる。その際，外界の3次元世界は網膜上では奥行きのない2次元の像として投影され，脳が物体の3次元構造を復元するといったことがおこなわれている。しかし，本来，これは解くことのできない問題である。例えば，下の図に示したように，同じ2次元網膜像を生み出す3次元構造は無限に存

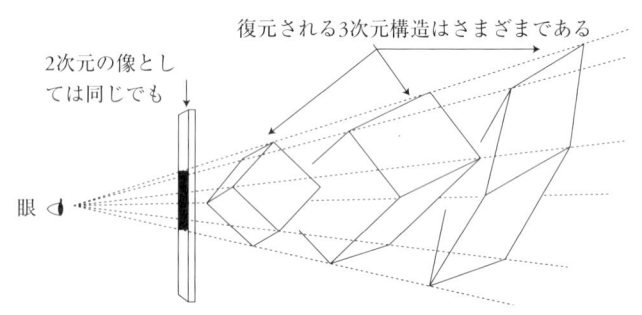

　　　　　　　　　　復元される3次元構造はさまざまである
　2次元の像とし
　ては同じでも
眼

　眼球内の網膜上に投影された2次元の像から外界の3次元構造を復元しようとしても，解は1つに定まらない。しかし，私たちの視覚システムは「最も起こりえそうなもの」を正解とすることにより，この問題を解決する。

（椎名健『錯覚の心理学』講談社（1995）をもとに作成）

在する。こうした問題は，解が1つに定まらないという意味で，不良設定問題と呼ばれる。

みなさんは中学生だった頃に，数学の授業で下のような問題を解いたことがあると思う。

$3x + 2y = 13$
$x + y = 5$ を満たすx, yの値は？

2つの方程式から2つの未知数x, yを求める問題で，この場合，(x, y) = (3, 2)が答えとなる（解法は省略）。

では，次の問題はどうだろうか。

$3x + 2y + z = 14$
$x + y + 4z = 9$ を満たすx, y, zの値は？

方程式は2つのままで，未知数がx, y, zの3つに増えている。この問題の場合，上の問題と違って答えは1つに決まらない。(x, y, z) = (3, 2, 1), (10, −9, 2), (−4, 13, 0)……と可能性は無限に存在する。未知数が3つある場合，答えを1つに絞るためには，未知数に関する情報となる方程式は3つ必要である。

ところが，ヒトがものを見るときに脳がおこなっているのは，後者の問題を解くことに対応する。2つの方程式（2次元画像）から3つの未知数（見ている物体の3次元構造の復元）は1つに定まらないのだから，普通に考えれば，私たちがものを見るときには，さまざまな見え方が生じて困ってしまうことになりそうである。しかし実際には，最も起こりえそうなものを視覚システムが「正解」とするために，そのようなことは起こらない。

この「最も起こりえそうなもの」という基準は，全ての動物に共

通なものなのだろうか。もしそうならば，全ての動物でものの見方は同じになりそうである。しかし本文でも述べたように，動物によって環境から引き出すべき情報は大きく異なると考えるほうが自然である。ものの見方を決める「方程式」の解き方が動物間でどのように異なっているのか。動物の錯視研究は，この問いに対するヒントを提供できるのかもしれない。

第 2 章
長さの錯視
ミュラー・リヤー錯視における類似性と種差

「ノートに長さ5 cmの線を引いてください」
「この紐よりあの紐の方が長い」
　私たちにとって長さは身近な存在である。物体そのものの長さを測定するとか，複数の物の長さを比べたりするといった行為は，毎日のように行われている。正確な長さを知りたいときは物差しやメジャーといった道具を使うが，大まかな長さで十分なとき，あるいはどちらが長いかといった判断をするときなどは目測に頼ることが多い。目による測定は完全ではないかもしれないが，かなり信頼できる方法であると信じているからこそ，われわれはそれに頼るわけである。2本の紐が机の上に置かれていたら，長いものは長く，短いものは短く，両者が同じ長さなら同じに見えるはずである。目測はその手軽さもあって，日常生活のさまざまな場面で活躍している。
　それだけの信頼を置かれているわれわれの目であるが，時に彼らは大きな「判断ミス」をすることがある。第1章で紹介した，ミュラー・リヤー錯視，ポンゾ錯視，垂直水平錯視図はその例である。これらの錯視はヒトの視覚システムの特徴を表すもので，ものの長さに関する認識がどのようにおこなわれているかを探るためのヒントになっている。
　この章では，長さが違って見える錯視のひとつであるミュラー・リヤー錯視を取り上げ，ハトとヒトでその錯視がどのように生じているのかを調べた研究を紹介する。

◆ 第2章 長さの錯視

2-1 動物のミュラー・リヤー錯視に関する先行研究と問題点

　第1章で紹介したように，動物でもヒトと同じようにミュラー・リヤー錯視が生じているかどうかを調べた研究はいくつかあり，ヒヨコ（Winslow, 1933），オマキザル（Suganuma, Pessoa, Monge-Fuentes, Castro, & Tavares, 2007），ヨウム（Pepperberg, Vicinay, & Cavanagh, 2008），ハエ（Geiger & Poggio, 1975）による報告がある。そして，ハトでも既に3つの研究報告がある（Warden & Baar, 1929; Malott & Malott, 1970; Glauber, 1986）。それだけの「証拠」が揃っているのなら，もはやハトでミュラー・リヤー錯視を研究する必要はないだろうと思う読者もいるに違いない。確かに，その「証拠」が確実なものであったならば，筆者も同じように考え，ハトのミュラー・リヤー錯視研究はおこなわなかったであろう。しかし動物の研究では，論文のなかで筆者がある「結論」を下していても，その主張の根拠となっている実験データやそれについての解釈に問題があることは少なくなく，ハトを含めたこれまでのミュラー・リヤー錯視研究にもこうした問題点が存在しているように思われた。以下，それらを具体的に述べていく。

　Warden and Baar (1929) は，2羽のハトを対象に実験をおこなった。最初に，水平線分の両端に垂直短線分が付加された図形を2つ同時に見せ，水平線分が短いほうをつつくことを訓練した（図2-1(a)）。次に，矢印が同方向を向いている図形に対しても同様に短いほうをつつくことを訓練した（図2-1(b)）。その後，テストとしてミュラー・リヤー錯視図を呈示したところ，水平線分の長さは同じであるにもかかわらず，内向の矢印（>——<）よりも外向の矢印のついた図形（<——>）をハトは多くつついたという。この論文の著者らは，ハトでもヒトと同じ

2-1 動物のミュラー・リヤー錯視に関する先行研究と問題点

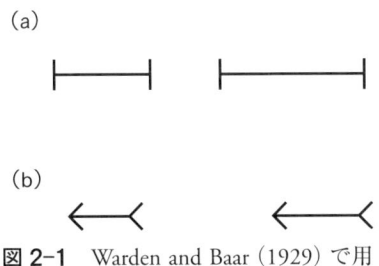

(a)

(b)

図 2-1 Warden and Baar (1929) で用いられた図形の例
（論文をもとに著者が作成）

ようにミュラー・リヤー錯視が生じていると結論している。ただしデータをよく見ると，テスト前の訓練の正答率が1羽のハトは60％台，もう1羽にいたっては課題の意味を理解していなくても偶然正解するレベル（2択問題なので50％）であり，ハトが本当にこの課題の意味を理解していたのかに関して信頼性に欠けるように思われる。

　Glauber (1986) は，6羽のハトを対象に実験をおこなった。5種類の線分について，それぞれの長さに対応したキーに反応することで正しく長さ報告することを訓練した（例えば，長さ1の線分なら一番左のキー，長さ2なら左から2番目，長さ3なら左から3番目……）。3羽については普通の水平線分，残りの3羽については Warden and Baar (1929) の最初の訓練で用いたような水平線分の両端に垂直短線分が付加された図形（図2-1(a)）で訓練した。5羽のハトに対して，訓練で用いた5種類の長さのうち真ん中の長さの水平線分をもつミュラー・リヤー錯視図を見せたところ，3羽のハトでは外向矢印図形（⟵⟶）よりも内向矢印図形（⟶⟵）で長いという報告が多くなったが，残り2羽ではいずれの図形でも差はみられなかった。Warden and Baar (1929) の実験同様に，この実験でも訓練時の正答率がかなり低く（28〜43％），ハトがこの課題の意味を理解していたかは疑わしい。

◆ 第2章 長さの錯視

　Malott and Malott（1970）は，Warden and Baar（1929）の最初の訓練で用いたような水平線分の両端に垂直短線分が付加された図形（図2-1(a)）を，プラスチック製の小さな円盤の背後にプロジェクタで投影した。その円盤は反応キーの役割を兼ねており，水平線分がある特定の長さ（1.3 cm）のときに円盤につつき反応をすると正解であった。テストでは，さまざまな長さの水平線分をもったミュラー・リヤー錯視図が呈示された。もし，ハトでもヒトと同じようにミュラー・リヤー錯視が生じていたと仮定した場合の結果のグラフを図2-2(a)に示した。縦軸はハトがつつき反応すると予想される率（数値が大きいほど多くの反応が生じたことを示す），横軸は水平線分の長さを示している。訓練図形（├──┤；図2-2(a)真ん中）に対するハトのつつき反応は，水平線分の長さが1.3 cmのときに最も多くなり，その長さから離れるにしたがって減少するだろう。外向の矢印のついた図形（⟵─⟶；図2-2(a)上）に対しては，水平線分が実際の物理的な長さよりも短く見えるため，反応のピークは1.3 cmよりも長いほうにずれるだろう（図の場合，実際の水平線分が1.7 cmのときに，反応するべき1.3 cmに見えていると解釈できる）。逆に，内向の矢印のついた図形（⟶─⟵；図2-2(a)下）に対しては，水平線分が実際よりも長く見えるため，反応のピークは1.3 cmよりも短いほうにずれるだろう（図の場合，実際の水平線分が0.9 cmときに，反応するべき1.3 cmに見えていると解釈できる）。実際の結果は，外向矢印図形（⟵─⟶）については仮説を支持するものとなったが，内向矢印図形（⟶─⟵）については仮説と異なり，訓練図形（├──┤）に対する反応と変わらない結果となった。この論文の著者らは，ハトが反応の手がかりとしていたのは水平線分の長さではなく，水平線分と矢印に囲まれた部分の面積（図2-2(b)）だったのではないかと結論している。訓練図形（├──┤）に比べ，外向矢印図形

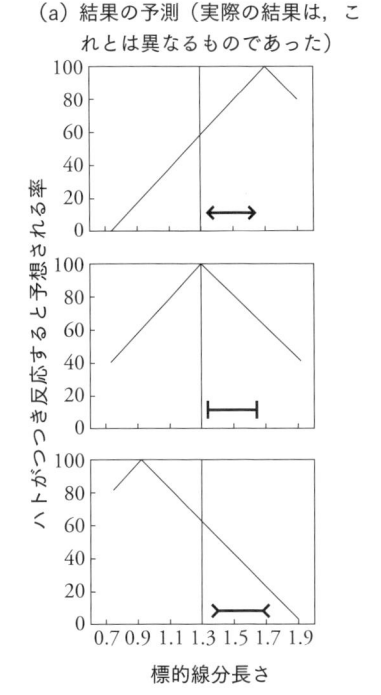

2-1 動物のミュラー・リヤー錯視に関する先行研究と問題点

(a) 結果の予測（実際の結果は、これとは異なるものであった）
(b) ハトがこの実験で用いていたと考えられる手がかり（水平線分と矢印に囲まれた部分の面積）

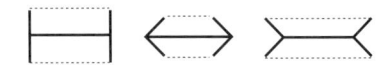

図 2-2 Malott and Malott（1970）の結果の予測と解釈
（Malott & Malott, 1970 をもとに作成）

（⟷）ではその面積は小さい。内向矢印図形（⟩—⟨）については，面積が大きくなるように感じるかもしれないが，実際にはそうはなっていなかった。というのは，訓練図形（⊢—⊣）の垂直線分の長さと内向矢印図形（⟩—⟨）の矢印の長さを等しくしたため，矢印のほうが斜めになっている分，垂直線分よりも高さが低くなっていたからである。

以上，ハトのミュラー・リヤー錯視に関する研究を紹介したが，これらの実験結果から「ハトでもヒトと同じようにミュラー・リヤー錯視が生じている」と結論するのは危険であるように思われる。研究者

◆ 第2章 長さの錯視

(a) ミュラー・リヤー順錯視　　(b) ミュラー・リヤー逆錯視

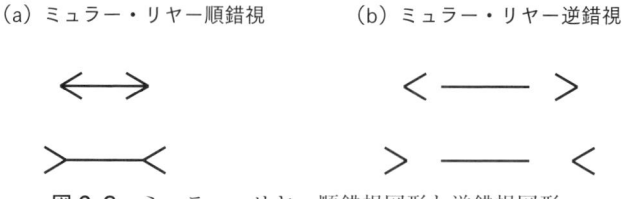

図 2-3　ミュラー・リヤー順錯視図形と逆錯視図形

は「動物が研究者の意図したものとは違うやり方で課題を解いている」可能性に常に気をつけるべきで，訓練やテストの方法，データ解析の仕方，実験結果の解釈を慎重におこなわないと，間違った結論を下してしまうこともありうる。錯視研究に限ったことではないが，ヒトと違って，どのようなやり方で実験に取り組んでいたかを言語で直接確認することができない動物の場合はなおさらである。そこで筆者らは，本当にハトでもヒトと同じようにミュラー・リヤー錯視が生じているのかについて慎重に検討するための実験をおこなった。次節以降でその内容を紹介していく。

なお，これまでミュラー・リヤー錯視と呼んできたものは，厳密にはミュラー・リヤー順錯視と呼ばれるものであり，実は，ミュラー・リヤー逆錯視と呼ばれるものも存在する（図 2-3(b)）。これは，順錯視図と異なり水平線分と矢印が離れている。このように矢印が水平線分から適度に離れると，内向矢印図形（＞——＜）よりも外向矢印図形（＜——＞）の線分のほうが長くみえる，つまり，ミュラー・リヤー順錯視と錯視の生じ方が逆になることが知られている（柳沢, 1939）。本研究では，順錯視・逆錯視の両方をテストした。

2-2 ハトのミュラー・リヤー錯視

■実験で用いた装置について

　実験の説明に入る前に，実験で用いた装置の紹介をしておく．ヒトに対して視知覚実験をおこなう場合，実験結果を乱す可能性のある外的要因をできる限り排除するために，専用の実験室内で実施するのが普通である．ハトの場合も同じで，幅，奥行き，高さがそれぞれ 30～35 cm 程度のスキナー箱（またはオペラント箱）と呼ばれる直方体の装置が彼らの「実験室」であった．スキナー箱は古くから動物の行動研究で使われてきた．本研究で実際に使用したもの（図 2-4）は，第 1 章で紹介した Fujita らによるハトのポンゾ錯視研究で用いたものと基本的な仕組みは同じであり，実験装置の制御や図形の呈示は，全てコンピュータプログラムによっておこなった（図 1-2）．

■【実験 1】ハトでミュラー・リヤー錯視は生じているのか

　デンショバト（*Columba livia*）4 羽（Kay は 9 歳メス，Indy, Hans, Makoto は 9 歳オス．年齢は実験開始時）を対象に実験をおこなった．

1）長さを報告させる訓練

　初めに線分の長さを報告させるための訓練として，第 1 章で紹介した Fujita ら（1991）の 2 つ目の実験と同じように，モニタ画面上に単独呈示される黒色の水平線分（標的線分）を長い・短いのいずれかに振り分ける課題をおこなった（図 2-5）．6 種類の長さの水平線分（標的線分）うちのどれか 1 つがモニタ画面に現れ，その線分の長さが

◆ 第2章 長さの錯視

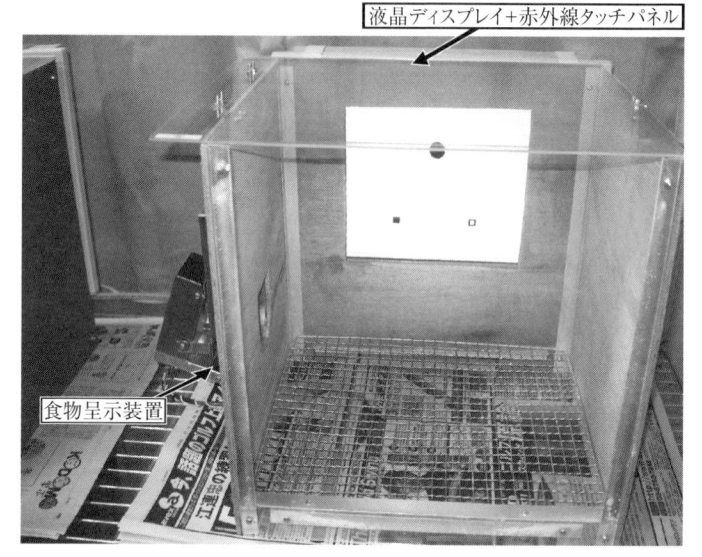

図 2-4 ハトを対象におこなった実験で用いた装置。ニワトリを対象におこなった実験装置も，基本的な仕組みは同じであった。

30, 36, 42 ピクセル[1]（それぞれ 8.9, 10.7, 12.5 mm）の場合には「短い」，48, 54, 60 ピクセル（14.3, 16.0, 17.8 mm）の場合には「長い」に対応するアイコン（■もしくは□）を選択すると正解であった。■・□が長い・短いのどちらに対応するかはハトによって異なった。最終的に，1日に計384問（6種類の長さが各64問。出題順はランダム）出題し，2日連続で正答率が80％以上になるまで訓練を続けた。

図 2-5(c) は，この訓練を終了した段階でどのくらい正確に長さ報告ができるようになったか，その一例を示している。グラフの横軸は標的水平線分の長さ，縦軸はハトが「長い」と報告した割合である。

---

[1] 本書で紹介する鳥類の実験で用いたモニタ上では，全て 100 ピクセル = 29.7 mm であった。

2-2 ハトのミュラー・リヤー錯視

(a) 課題
言語を使わずに線分の長さを報告させるため，6種類の長さの線分を短いものと長いものとに振り分ける課題をおこなった。

「短い」　　　「長い」

(b) 問題の流れ
各問題開始前は，モニタ画面上には何も現れない。3秒経過後，モニタ画面上に線分が呈示される。

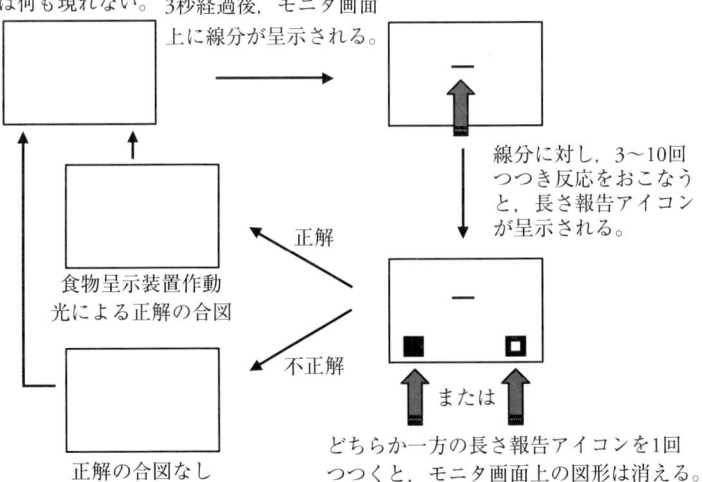

線分に対し，3〜10回つつき反応をおこなうと，長さ報告アイコンが呈示される。

食物呈示装置作動
光による正解の合図

正解

不正解

正解の合図なし

または

どちらか一方の長さ報告アイコンを1回つつくと，モニタ画面上の図形は消える。

図 2-5　言語を用いずに，線分の長さを報告させるための訓練方法の例

(c) ハトによる長さ報告の結果の一例
グラフの横軸は標的水平線分の長さ,縦軸はハトが「長い」と報告した割合を示す。

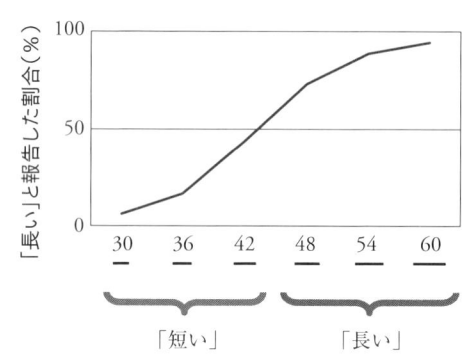

図 2-5（続き） 言語を用いずに,線分の長さを報告させるための訓練方法の例

最も短い 30 ピクセルのときは,ハトはほとんど「長い」と答えていない,つまり正しく「短い」と答えている。標的線分が長くなるにしたがって「長い」と答える割合は増え,最も長い 60 ピクセルのときは,ハトが正しく「長い」と答える割合は 100％に近くなる。きちんと標的線分の長さに基づいてこの課題に取り組んでいることが分かる。

2) 矢印を無視して,標的線分の長さを報告する訓練

標的線分の長さをきちんと報告できるようになったら,次に,矢印と標的線分を同時に呈示した。ただし,まだこの段階ではミュラー・リヤー錯視図をハトに見せない。ヒトであれば「矢印は無視して,標的線分の長さを答えてください」と言語で指示ができるが,ハトの場合は,矢印が標的線分の両端に出てきた瞬間に,矢印を含めた図形全体の長さに基づいて長短の報告をしてしまう可能性がある。そこで,矢印が出てきてもそれを含めた長さ判断をおこなわないようにするた

(a) 矢印を無視して，標的線分の長さを報告する訓練

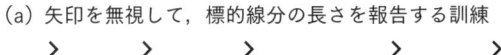

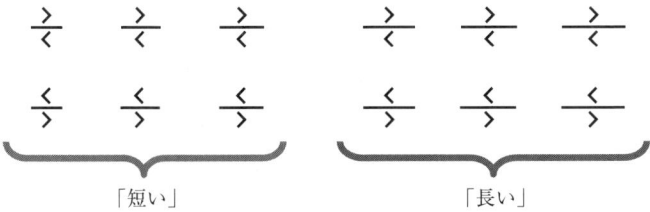

「短い」　　　　　　　　　　「長い」

(b) 最終訓練（同方向を向いた矢印が標的線分の両端にある図形）

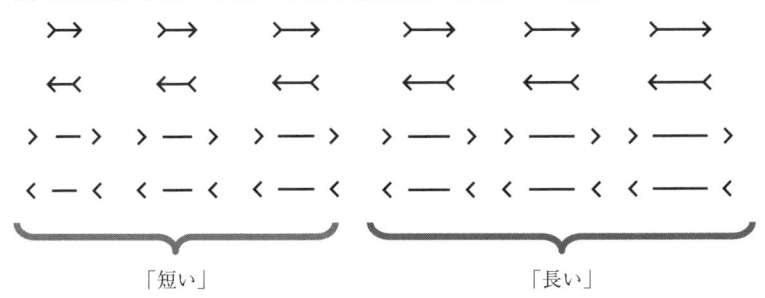

「短い」　　　　　　　　　　「長い」

図 2-6 ミュラー・リヤー図形でテストする前に，ハトに矢印に慣れさせるための訓練

めの訓練をおこなった。標的線分の左右ではなく上下に矢印を1つずつ配置した図形に対して，最初の訓練と同じように長短の振り分けを訓練した（図 2-6(a)）。突然現れた新しい図形に対してハトが混乱しないように，最初は黒色の標的線分に対して薄い灰色の矢印を呈示し，最初の矢印なしの訓練と同じ学習基準（2日連続で正答率が80%以上）に達したら，矢印の色を黒にした。

3）最終訓練（同方向を向いた矢印を用いた訓練）

その後，矢印を標的線分の左右に配置した最終訓練をおこなった。ただし，この段階でもまだミュラー・リヤー錯視図は見せず，同方向

を向いた2つの矢印を呈示した。少なくともヒトでは，こうした図形に対して長さの錯視は生じないことが分かっている（Glazebrookら，2005）。矢印は標的線分の両端に接しているものと離れているものがあった（図2-6(b)）。先の訓練同様，最初は灰色矢印を呈示し，学習基準を達成した後，黒色矢印に変更した。4羽訓練していたが，そのうちの1羽（Makoto）は学習基準に到達できなかったため，残りの3個体が次のテストに進んだ。

4）テスト

テスト実施日では，384問中96問でミュラー・リヤー錯視図（テスト問題）を，残りの288問は最終訓練と同じ矢印が同方向を向いた図形（訓練問題）をランダムな順番で呈示した。ミュラー・リヤー錯視図は全24パターンあった（標的線分の長さが6種類，矢印の向きが外向と内向の2種類，矢印が線分と接しているか離れているかの2種類）が，これらを等しい頻度，つまり1日4回ずつ出題した。

訓練問題では，これまで通り，短い標的線分（30，36，42ピクセル）であれば「短い」，長い標的線分（48，54，60ピクセル）であれば「長い」と答えないと正解ではなかったが，ミュラー・リヤー錯視図のテスト問題に関しては，どのような長さ報告をしても正解とした（図2-7）。つまり極端な例を挙げれば，最も短い30ピクセルの標的線分をもつ図形に対して「長い」と答えても正解としたわけである。その理由は，ハトに実際の物理的な長さではなく，「見えた長さ」を答えてもらうためである。例えば，物理的には短いと答えるべき標的線分でも，錯視によって「長い」線分として見えている場合，ハトは見えた長さにしたがって「長い」と答えることが予想される。この反応に対して「間違い」という判定を下してしまうとハトは混乱するに違いない。

(a) 訓練問題
　長い線分の図形に対して，ハトが「短い」と報告すると，不正解。
　（短い線分の図形に対して，「長い」と報告した場合も同様）

(b) テスト問題
　ハトはどのような長さ報告をしても正解とみなす。
　仮に長い線分の図形に対して，ハトが「短い」と報告しても，
　逆に短い線分の図形に対して，ハトが「長い」と報告しても，正解。

図 2-7　訓練問題とテスト問題の違い

そしてその後，似たような図形が出てきたときに「この標的線分，本当は長く見えるけど，さっき似たような問題で『長い』と答えたら間違いだった。この類の問題では長さを少し短く"見積もって"答えないといけないのかもしれないな。じゃあ，『短い』と答えておこう」といったような反応の調整が生じてしまう恐れがある。こうなるともはや錯視の測定はできない。

　つまり，1日に出題される問題のうちの4分の1では，どのように答えても正解であったわけだが，こうしたテストを毎日続けていると，ハトの成績が徐々に悪化する可能性がある。そこで，ミュラー・リヤー錯視図を出題したテスト日の翌日は，384問全てで訓練問題（矢印が同じ方向の図形）だけを出題し，ミュラー・リヤー錯視図のテスト問題は出題しなかった。そこで80％以上の正答率であれば，その翌日に再びミュラー・リヤー錯視図の出題を含むテストを実施した。この繰り返しを，ミュラー・リヤー錯視図を出題するテスト実施日が合計10日間になるまで続けた。

5）実験結果と考察

　どのハトも訓練問題（同方向矢印図形）で高い正答率を示した（矢印と標的線分が接している図形: Indy 82％, Kay 80％, Hans 82％; 矢印と標的線分が離れている図形: Indy 83％, Kay 82％, Hans 85％）。このことは，テスト実施日においても標的線分の長さに応じた長短の報告がきちんとおこなわれていた，つまりハトがでたらめに長さの報告をしていたわけではなかったことを意味している。

　初めに，矢印と標的線分が接している図形に対して，ハトがどのように長さ報告をしたかを見ていくことにする。図2-8にその結果が示されている。右下のグラフが3個体の結果を平均したもの，他の3

2-2 ハトのミュラー・リヤー錯視

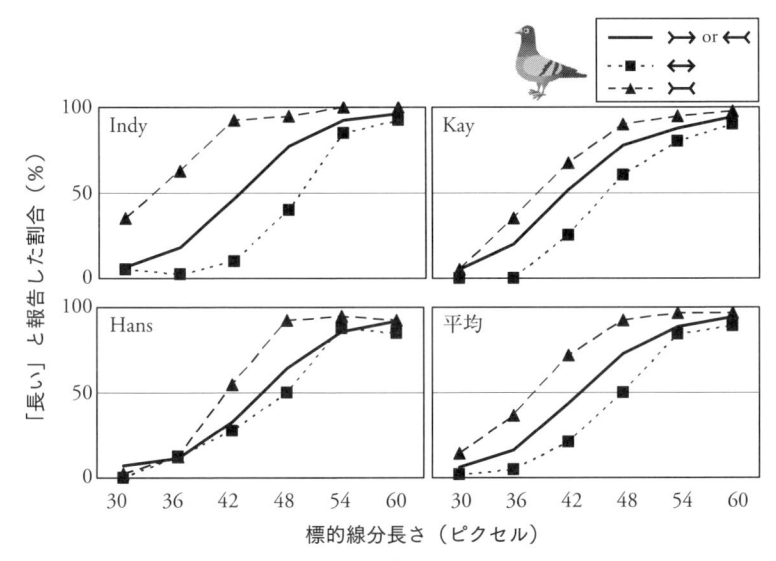

図 2-8 実験1で矢印と標的線分が接している図形に対して，ハトがどのように長さ報告をしたかを示した結果

(Nakamura, Fujita, Ushitani, & Miyata, 2006 をもとに作成)

表 2-1 図 2-8 に対する統計解析結果

	矢印の向きの主効果		標的線分の長さの主効果		交互作用（矢印の向き×標的線分の長さ）	
	F値	p値	F値	p値	F値	p値
全体	10.02	＊	273.4	＊	3.82	＊
Indy	125.21	＊	127.47	＊	10.77	＊
Kay	52.84	＊	175.31	＊	2.84	＊
Hans	10.48	＊	286.62	＊	3.79	＊

＊：$p<0.05$（統計的に意味のある差が確認された）

◆ 第2章 長さの錯視

つは個体別の結果である。横軸は標的線分の長さ，縦軸は「長い」と報告した割合を表す。シンボルのない直線グラフ（——）が同方向矢印図形（最終訓練でも用いた図形），三角形シンボルのついたグラフ（-▲-）が内向矢印図形（＞——＜），正方形シンボルのついたグラフ（··■··）が外向矢印図形（←——→）の結果である。これらのグラフから読み取れることとして，まず第1に，標的線分が長くなればなるほど，どの図形についても「長い」と報告された割合が増加していることが分かる。この結果も，さきほどの正答率の結果と同じように，ハトがでたらめに長さの報告をしていたわけではなかったことを示している。第2に，標的線分が同じ長さであっても，矢印の向きによって「長い」と報告された割合に違いがあることが分かる。同方向矢印図形に比べて，内向矢印図形（＞——＜）に対して「長い」と報告した率は高く，外向矢印図形（←——→）に対して「長い」と報告した率は低く（つまり，「短い」と報告した率が高く）なっている。この傾向は，ヒトと同様の錯視が生じていると仮定した場合に予想される結果と一致するもので，テストした3個体全てに共通してみられた。第3に，このような矢印の向きによる「長い」報告率の違いは，標的線分の長さが中間の値（42，48ピクセルあたり）のときに大きく，端の値（30，60ピクセル）のときには小さくなっていることが分かる。

　以上3つのことは，グラフの見た目といった主観的な判断からだけではなく，統計分析による客観的な指標によっても支持されるのであろうか。これを確かめるために，図2-8に対して統計解析[2]）をおこなったところ，表2-1のようになった。まず，「矢印の向きの主効果」のp値が0.05より小さいこと（表2-1で*印がついている）は，先に述べ

---

2) 2要因の繰り返しのある分散分析（3［矢印の向き］×6［標的線分の長さ：30, 36, 42, 48, 54, 60ピクセル］）

た第2の点の前半「矢印の向きによって『長い』と報告された割合に違いがある」ことについて，それが統計的に意味のある違いであることを意味する。次に，「標的線分の長さの主効果」のp値が0.05より小さいことは，第1の点「標的線分が長くなればなるほど，どの図形についても『長い』と報告された割合が増加した」ことが統計的に示されたことを意味する。そして「交互作用（矢印の向き×標的線分の長さ）」のp値が0.05より小さいことは，第3の点「矢印の向きによる『長い』報告率の違いの程度は，標的線分の長さによって異なる」ことが統計的に示されたことを意味する。個体ごとに同様の統計解析おこなった場合も，これと同じ結果を得た[3]（表2-1の下）。さらに，第2の点の後半「同方向矢印図形に比べて，内向矢印図形（>—<）に対して『長い』と報告した率は高く，外向矢印図形（<—>）に対して『長い』と報告した率は低く（つまり，『短い』と報告した率が高く）なっている」かどうかを客観的に調べるための統計解析[4]をおこなった。その結果，3羽とも同方向矢印及び外向矢印図形（<—>）よりも内向矢印図形（>—<）に対して「長い」と報告する割合が高かったこと，さらに2羽（IndyとKay）は同方向矢印図形よりも外向矢印図形（<—>）に対して「短い」と報告する割合が高かったことが統計的に示された（p値<0.05）。以上から，統計分析による客観的な指標によっても，ハトでヒトと同様のミュラー・リヤー順錯視が生じていることを示唆する結果が得られた。

　Fujitaらのポンゾ錯視の研究では，ハトとヒトで同方向の錯視が生じたが，標的線分がどの程度長く見えるかといった錯視の生じる強さ

---

[3] 各条件について，テスト実施日ごとの「長い」報告率を分析に用いた。
[4] 「矢印の向きの要因」について個体ごとに下位検定（ボンフェローニの対応のあるt検定）を実施。

◆ 第 2 章　長さの錯視

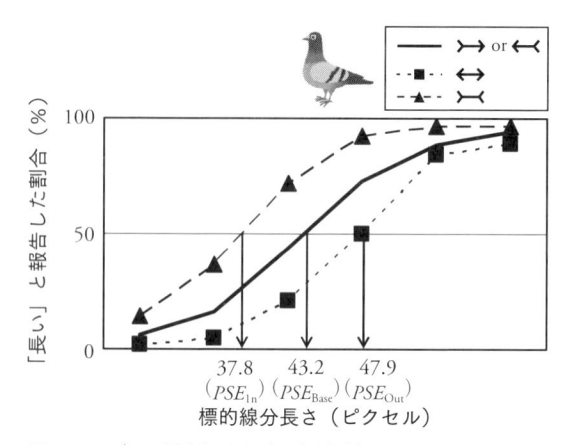

図 2-9　各 3 種類の図形の標的線分に対する見た目の長さが等しく感じられるとき（「長い」と報告する割合が 50％となるとき）の，実際の標的線分の長さを算出する方法

（錯視量）に大きな違いがみられた。今回の場合はどうだろうか。「長い」という報告・「短い」という報告が等しく50％となるとき（つまり，「長く」も「短く」も見えるとき）の標的線分の長さを矢印の向きごとに算出し，各値を PSE_{In}（内向矢印図形 >—< ），PSE_{Base}（同方向矢印図形 >—> または <—< ），PSE_{Out}（外向矢印図形 <—> ）とした（図 2-9）。これらの値は，主観的等価点（point of subjective equality; PSE）と呼ばれるもので，今回の場合は「各 3 種類の図形の標的線分に対する主観的な長さ（見た目の長さ）が等しく感じられるときの，物理的な標的線分の長さ」となる。3 個体の平均値は PSE_{In} = 37.8，PSE_{Base} = 43.2，PSE_{Out} = 47.9 となった。つまり，内向矢印図形（ >—< ），同方向矢印図形（ >—> または <—< ），外向矢印図形（ <—> ）の標的線分の物理的な長さがそれぞれ 37.8，43.2，47.9 ピクセルのときに，ハトにとってはそれらの線分が同じ長さに見えていたことになる。ハトは 10 ピク

セル（≒3 mm。本実験で用いた標的線分のなかで最も短いものの3分の1に相当する）も「騙されて」いたのだ。

内向矢印図形（>—<）の標的線分が外向矢印図形（<—>）のそれよりもどのくらい長く見えているか（錯視量）について，以下の式

$$錯視量 = (PSE_{Out} - PSE_{In})/PSE_{Base} \times 100$$

から算出したところ，Indy は 37.7％，Kay は 18.0％，Hans は 14.8％で，3個体の平均は 23.5％となった。ちなみに，外向矢印図形（<—>）よりも内向矢印図形（>—<）のほうが長く見えていると錯視量はプラスの値，その逆の場合にはマイナスの値をとることになる。

実は，本実験と同じ図形を用いて，ヒト（9名：女性4人，男性5人。20〜84歳）でもテストしている。その結果から算出した錯視量は 13.9％（最小 7.8％〜最大 21.1％）であった。統計解析の結果，この錯視量の値は，錯視が全く生じていないことを示す値である0よりも有意に大きいことが示された[5]。ポンゾ錯視同様，ミュラー・リヤー順錯視についても，ヒトよりもハトのほうが錯視の生じ方が強い傾向にあることが確認された。

しかし，本当にハトでもミュラー・リヤー順錯視が生じていたと結論してよいのだろうか。もしかしたら「標的線分の長さではなく，矢印も含めた図形全体の長さをハトは答えていただけではないのか？」と考える読者もいるかもしれない。確かに，図形全体の長さ（図 2-10 の右下にその例が示されている）は「外向矢印図形（<—>）」＜「同方向矢印図形>—>または<—<」＜「内向矢印図形（>—<）」の順に長くなっており，図 2-9 で示された結果，つまり「長い」と報告された割合が「外向矢印図形（<—>）」＜「同方向矢印図形>—>または

---

[5] 1サンプルの t 検定（両側検定）をおこなった結果，t 値 = 10.29，p 値 < 0.001 であった。

◆ 第 2 章 長さの錯視

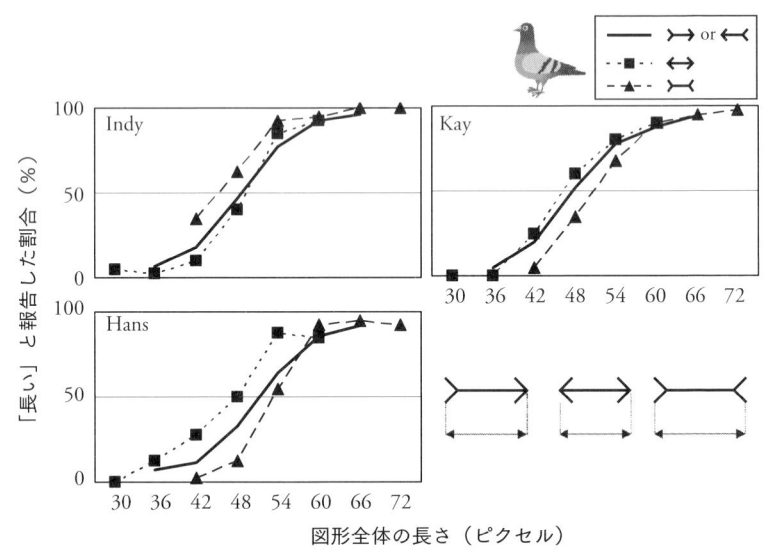

図 2-10 図 2-8 のグラフを，横軸を標的線分の長さから図形全体の長さに変更してプロットし直した結果

（Nakamura, Fujita, Ushitani, & Miyata, 2006 をもとに作成）

表 2-2 図 2-10 に対する統計解析結果

	矢印の向きの主効果	
	F 値	p 値
Indy	8.66	＊
Kay	12.41	＊
Hans	13.09	＊

＊：$p < 0.05$（統計的に意味のある差が確認された）

←─<」<「内向矢印図形（>─＜）」の順に大きくなっていたことと一致する。ハトに標的線分の長さに基づいた長短報告をしてもらうために，本実験では慎重に訓練をおこなったことは既に述べた通りである。しかし，線分の横に矢印が現れた段階で矢印も含めた長さ報告に切り替わってしまった可能性は否定できない。本当にハトは標的線分の長さに基づいた長短報告をしていたのだろうか。この可能性を確かめるために，先に紹介した結果の再分析をおこなった。図2-10は，先に説明した図2-8のグラフについて，横軸を標的線分の長さから図形全体の長さに変更してプロットし直したものである。もし，ハトの反応が図形全体の長さに基づいたものであるとすれば，横軸にこの値をとったグラフにおいては矢印の方向の違いによって「長い」と報告する割合に差は生じない（例えば，図形全体の長さが48ピクセルであれば，矢印の向きが外向であろうと内向であろうと同じくらいの「長い」報告率になる）ため，3本のグラフ曲線はぴったりと重なるはずである。しかし，グラフの見た目からはどのハトの結果も明らかにそのようにはなっていない。図2-10に対して統計解析[6]をおこなったところ，「矢印の向きの主効果」のp値が0.05より小さい（表2-2），つまり，矢印の向きによって「長い」報告率に差があることが明らかとなった。よって，ハトの反応は図形全体の長さの要因では説明できないことが分かった。

　図2-11の右下に示したような，両矢印の先端間距離を手がかりにしていた可能性についてはどうだろうか。図形全体の長さの分析と同じように，横軸にこの値をとって，図2-8のグラフをプロットし直

---

[6] 2要因の繰り返しのある分散分析（3［矢印の向き］×4［図形全体の長さ：42, 48, 54, 60］）を個体ごとにおこなった。この分析で重要なのは，矢印の向きの主効果であるため，表2-2にはここの統計結果のみを掲載した。

◆ 第2章 長さの錯視

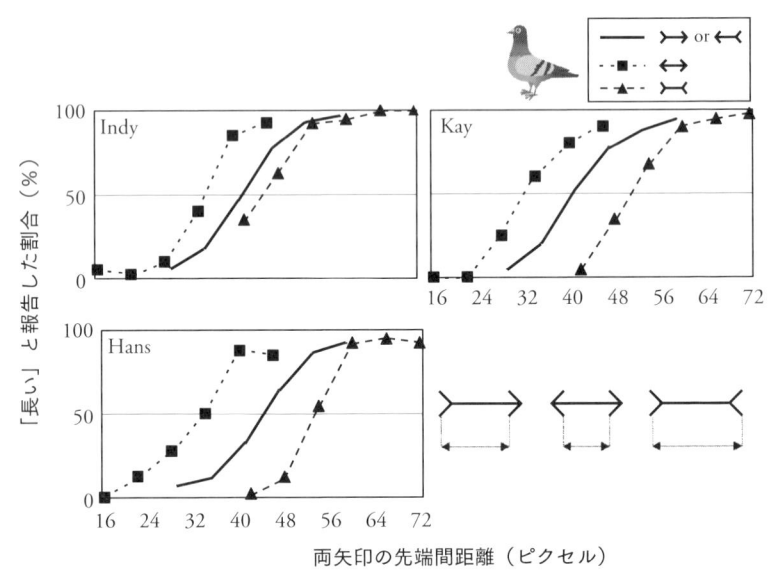

図 2-11 図 2-8 のグラフを，横軸を標的線分の長さから両矢印の先端間距離に変更してプロットし直した結果

(Nakamura, Fujita, Ushitani, & Miyata, 2006 をもとに作成)

表 2-3 図 2-11 に対する統計解析結果

	矢印の向きの主効果	
	F 値	p 値
Indy	15.37	＊
Kay	78.45	＊
Hans	211.49	＊

＊：$p < 0.05$（統計的に意味のある差が確認された）

した（図 2-11）。両矢印の先端間距離が手がかりになっているのなら，図 2-11 のグラフは矢の方向の違いによる「長い」報告率に差は生じないはずであるが，グラフの見た目からは明らかにそのようにはなっておらず，統計解析の結果もそれを支持するものであった[7]（表 2-3）。つまり，ハトの反応はこの要因によっても説明できないことが分かった。

次に，矢印と標的線分が離れている図形に対して，ハトがどのように長さ報告をしたかを見ていくことにする（図 2-12）。もし，ミュラー・リヤー逆錯視が生じていると仮定すれば，図 2-8 と逆の傾向，つまり同方向矢印図形に比べて，外向矢印図形（＜——＞）に対する「長い」報告率は高く，内向矢印図形（＞——＜）に対する「長い」報告率は低く（つまり，「短い」報告率が高く）なるはずである。しかし，実際の結果を示すグラフを見ると，矢印の向きによる違いはなさそうだ。矢印と標的線分が接している図形の場合と同じように，図 2-12 に対して統計解析をおこなった[8] ところ，「標的線分の長さの主効果」

---

[7] 両矢印の先端間距離は，内向矢印図形（＞——＜）では 42 ないし 48 ピクセル，同方向矢印図形で 41 ないし 47 ピクセルのとき，外向矢印図形（＜——＞）では 40 ないし 46 ピクセルと，図形間で ±1 ピクセルの違いがあったため，このままでは分散分析をおこなうことができなかった。しかし，両矢印の先端間距離を横軸にとったときの「長い」と報告した割合は，内向矢印図形（＞——＜）＜同方向矢印図形（＞——＞または＜——＜）＜外向矢印図形（＜——＞）の順に高くなったため，内向矢印図形と外向矢印図形のそれぞれの両矢印の先端間距離を 41 ないし 47 ピクセルに丸めて分析をおこなっても，「長い」と報告した率の大小関係に変化はない。そこで，この丸めた値を用いることで，2 要因の繰り返しのある分散分析（3 [矢印の向き] × 2 [両矢羽先端間距離：41±1，47±1]）を個体ごとにおこなった。この分析で重要なのは矢印の向きの主効果であるため，表にはここの統計結果のみを掲載した。

[8] 2 要因の繰り返しのある分散分析（3 [矢印の向き] × 6 [標的線分の長さ：30，36，42，48，54，60 ピクセル]）

◆ 第 2 章　長さの錯視

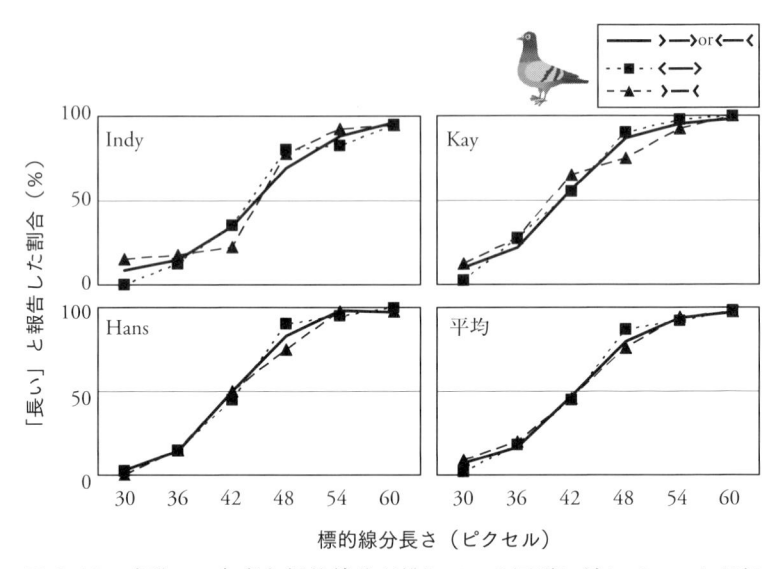

図 2-12　実験 1 で矢印と標的線分が離れている図形に対して，ハトがどのように長さ報告をしたかを示した結果

（Nakamura, Fujita, Ushitani, & Miyata, 2006 をもとに作成）

表 2-4　図 2-12 に対する統計解析結果

	矢印の向きの主効果		標的線分の長さの主効果		交互作用（矢印の向き×標的線分の長さ）	
	F 値	p 値	F 値	p 値	F 値	p 値
全体	0.02	n.s.	148.33	∗	1.46	n.s.
Indy	0.83	n.s.	156.75	∗	1.90	n.s.
Kay	0.07	n.s.	140.22	∗	1.52	n.s.
Hans	0.45	n.s.	178.93	∗	0.64	n.s.

∗：$p < 0.05$（統計的に意味のある差が確認された）
n.s.（統計的に意味のある差を確認できなかった）

の p 値だけが 0.05 より小さいという結果であった（表 2-4）。つまり，ハトが標的線分の長さにしたがって長短報告をしていたことは統計的に示されたが，矢印の向きによる「長い」報告率の違いは示されなかった。ちなみに，ヒトでは本実験で使用した図形でも逆錯視が生じることは確認している。先ほどと同じヒトに協力してもらってテストした結果，錯視量は − 2.1 %（最小 − 4.2 % 〜最大 1.5 %）であった。先に述べたように，外向矢印図形（＜——＞）よりも内向矢印図形（＞——＜）のほうが短く見えていると錯視量はマイナスの値をとる。統計解析の結果[9]，この錯視量の値は，錯視が全く生じていないことを示す 0 という値よりも有意に小さいことが分かった。

　実験 1 の結果をまとめると，「ミュラー・リヤー順錯視図に対しては，錯視量に違いはあるものの，ハトでもヒトと同方向の錯視が生じていることが明らかとなった。一方，ミュラー・リヤー逆錯視図に対しては，ハトでは錯視が生じているという証拠は得られなかった。」となる。

■【実験 2】本当にハトでは逆錯視が生じないのか

　実験 1 で，なぜハトでは逆錯視の効果を確認できなかったのであろうか。それについては，以下の 2 つが考えられる。1 つ目は，ハトではヒトとは違って逆錯視が生じない可能性である。2 つ目は，逆錯視を引き起こすのに重要な要因である標的線分と矢印の離れ具合がハトにとっては適切ではなかった可能性である。実験 2 では，後者の可能性を検討しよう。

　ヒトを対象とした先行研究から，標的線分の長さと両矢印の頂点間

---

[9]　1 サンプルの t 検定（両側検定）をおこなった結果，t 値 = − 3.50，p 値 < 0.01 であった。

◆ 第 2 章　長さの錯視

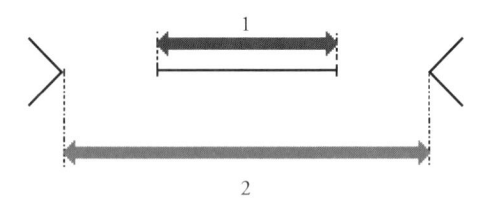

図 2-13　標的線分の長さ：両矢印の頂点間距離 = 1：2 となるときに，ミュラー・リヤー逆錯視の生じ方が最大となる（Fellows, 1967）

距離が 1 対 2 となるときに，ミュラー・リヤー逆錯視の生じ方が最大となることが示されている（図 2-13; Fellows, 1967）。このような長さ比をもった逆錯視図を用いて，実験 1 でテストまで進んだ 3 羽のハトを対象に実験をおこなった。実験手続きは，テスト問題で出題する図形が先に述べた逆錯視図となった点，順錯視図は出題しなかった点を除いては，基本的には実験 1 と同じであった。

　図 2-14 がテストの結果である。実験 1 の結果（図 2-12）と大きな違いはないようにみえる。しかし，図 2-14 に対して統計解析[10]）をおこなったところ，「標的線分の長さの主効果」の p 値に加え，「矢印の向きの主効果」の p 値も 0.05 より小さい値となった（表 2-5）。つまり，矢印の向きによる「長い」報告率に差がある結果となった。個体ごとに同様の統計解析をおこなったところ，2 羽のハト（Indy と Kay）については実験 1 と全く同じ結果で，矢印の向きによる「長い」報告率に統計的に意味のある差は確認されなかった。しかし残り 1 羽（Hans）では，「矢印向きの主効果」の p 値が 0.05 より小さい値，つまり矢印の向きによる「長い」報告率に差がある結果となった。どの矢印の向きの間で錯視量に違いがあるのかを詳細に調べるための統計解析をお

10）　2 要因の繰り返しのある分散分析（3［矢印の向き］×6［標的線分の長さ：30, 36, 42, 48, 54, 60］）

2-2 ハトのミュラー・リヤー錯視

100
「長い」と報告した割合（％）
50
0

Indy

Kay

Hans

平均

30 36 42 48 54 60

標的線分長さ（ピクセル）

図 2-14　実験 2 の結果

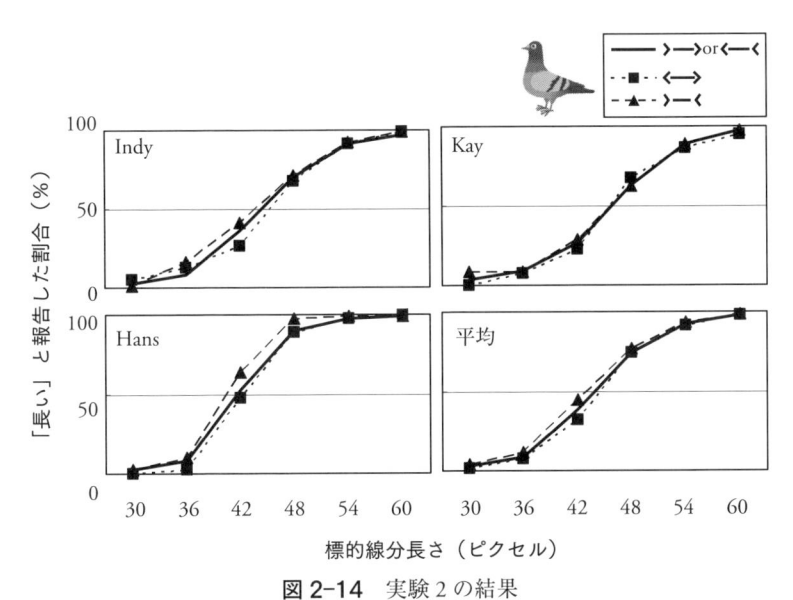

（Nakamura, Watanabe, & Fujita, 2009 をもとに作成）

表 2-5　図 2-14 に対する統計解析結果

	矢印の向きの主効果		標的線分の長さの主効果		交互作用（矢印の向き×標的線分の長さ）	
	F 値	p 値	F 値	p 値	F 値	p 値
全体	13.59	∗	90.2	∗	1.88	n.s.
Indy	1.51	n.s.	275.84	∗	1.44	n.s.
Kay	1.09	n.s.	182.03	∗	0.68	n.s.
Hans	14.76	∗	638.97	∗	1.91	n.s.

∗：$p < 0.05$（統計的に意味のある差が確認された）
n.s.（統計的に意味のある差を確認できなかった）

こなった[11] ところ，同方向矢印及び外向矢印図形（〈——〉）よりも内向矢印図形（〉——〈）に対して「長い」と報告する割合が高いことが分かった（p値<0.05）。これは，ヒトと同様のミュラー・リヤー逆錯視が生じているときの予測される結果とは逆の傾向を示していることになる。

　実験2の結果をまとめると，ヒトでミュラー・リヤー逆錯視の生じ方が最大となる図形に対しても，ハトでは逆錯視が生じているという証拠を得ることはできなかった。それどころか1個体については，ヒトとは逆の錯視が生じていることが示唆された。どうやらハトではヒトのようなミュラー・リヤー逆錯視は生じていないようである。

■【実験3】順錯視に種差はないのか
── 矢印の長さが錯視に与える影響

　実験1・2から，逆錯視に関してはハトとヒトの間で大きな違いを確認した。一方で順錯視に関しては，ハトとヒトで類似した結果となったものの，錯視の生じる強さには違いがあった。この錯視量の違いはなぜ生じたのだろうか。ひとつの可能性として，順錯視を生起させる要因にはいくつかの種類があり，どの要因が強く働くかといった「重み付け」が動物によって異なっていることが挙げられる。もしそうだとすれば，実験1で用いた順錯視図形に何らかの操作を加えることで，順錯視に関してもハトとヒトの間で大きな違いを確認することができるかもしれない。

　ヒトを対象とした先行研究から，順錯視に影響する要因はいくつか存在することが分かっており，そのうちのひとつに矢印の長さがあ

---

11)「矢印の向きの要因」について下位検定（ボンフェローニの対応のある t 検定）を実施。

2-2 ハトのミュラー・リヤー錯視

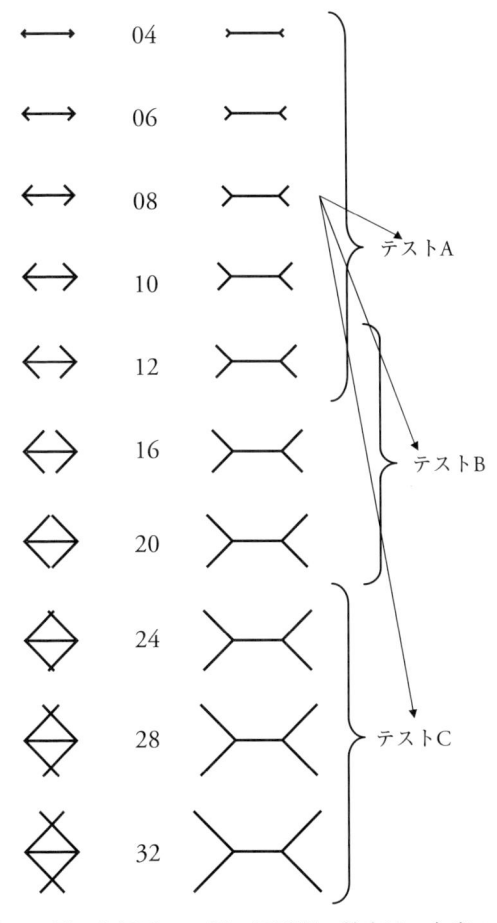

図 2-15 実験 3 で用いた図形の一例。図形間の数字は，矢印の水平方向の長さ（単位はピクセル）を示す。矢印の長さは，テスト A で 4，6，8，10，12 ピクセル，テスト B で 8，12，16，20 ピクセル，テスト C で 8，24，28，32 ピクセルであった。ここに示したものは標的水平線分の長さは全て同じであるが，実際のテストでは実験 1 同様，30，36，42，48，54，60 ピクセルの 6 種類の標的線分を用いた。右列の内向矢印図形（>—<）の結果のみを分析の対象とした。

（Nakamura, Watanabe, & Fujita, 2009 をもとに作成）

る。内向矢印図形（>—<）では，矢印の水平方向の長さと順錯視量の間には逆U字関係があることが知られている（Heymans, 1896; Lewis, 1909; Restle & Decker, 1977）。図 2-15 には実験 3 で用いた図形の一例が示されているが，右列に並んでいる内向矢印図形（>—<）の標的水平線分の長さに注目してほしい。矢印が長くなるにしたがって途中までは標的線分が長くなっていくように見えるが，矢印がある長さを超えると逆に標的線分が短くなっていくように見えると思う。しかし，実際の標的線分の長さはどれも同じである。

1）実験手続き

そこで実験 3 では，実験 1 でテストした 3 羽のハトを対象に，図 2-15 に示したような図形を用いたテストをおこなった。実験手続きは，基本的には実験 1・2 と同じであった。ただし，図形の種類が多く，それら全てを一度にテストすることができなかったので，3 回に分けて実施した点は異なった（テスト A～C）。

また，外向矢印図形（<—>）は分析の対象とはしなかったが，テスト問題としては出題した。仮に内向矢印図形（>—<）だけをテスト問題として出題して，そのほとんどの問題でハトが「長い」と報告したとする。その場合，「ハトはヒトと違って内向矢印図形（>—<）の標的線分が一貫して長く見えていた」可能性に加えて，「どのような長さ報告をしても正解となるテスト問題だから，単に「長い」ばかりを報告するバイアスが生じただけ」という可能性も存在することになってしまう。これを避けるために，ハトが「短い」と報告することが期待される外向矢印図形（<—>）もテスト問題に含めたわけである。

2-2 ハトのミュラー・リヤー錯視

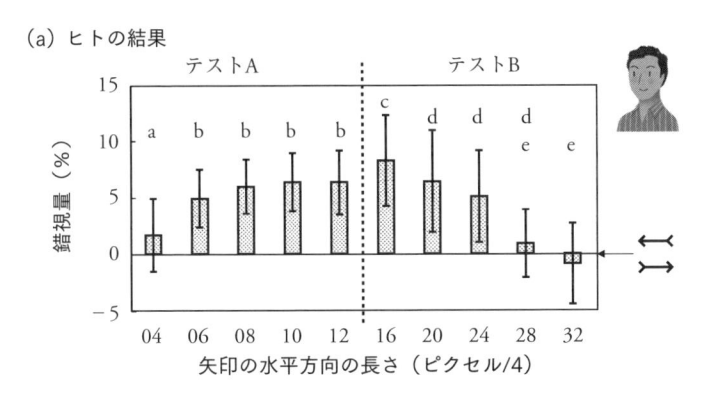

(a) ヒトの結果

(b) ハトの結果

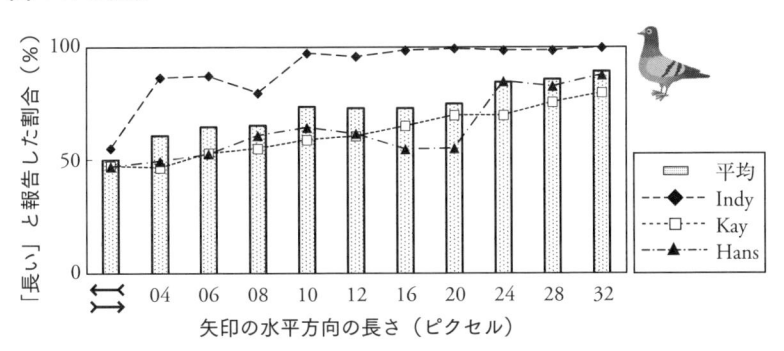

図 2-16　実験 3 のヒト (a) とハト (b) の結果

(Nakamura, Watanabe, & Fujita, 2009 をもとに作成)

表 2-6　図 2-16 に対する統計解析結果

	テスト 1		テスト 2	
	F 値	p 値	F 値	p 値
ヒト	13.6	*	16.8	*

	テスト 1		テスト 2		テスト 3	
	F 値	p 値	F 値	p 値	F 値	p 値
ハト	7.88	*	3.05	†	42.97	*

＊：$p<0.05$（統計的に意味のある差が確認された）
†：$p<0.1$（統計的に意味のある差とまではいえないが，それに近い差が見られた）
n.s.（統計的に意味のある差を確認できなかった）

2）実験結果と考察

　先に，同じ図形でテストしたヒトの結果を説明する（図 2-16 (a)）。ハト同様，全てを一度にテストすることができなかったので，テスト A（矢印の長さ 4～12 ピクセルの図形）とテスト B（矢印の長さ 16～32 ピクセルの図形）に分けておこなった。外向矢印図形（⟵⟶）もテストしているが，その結果はここには掲載していない。横軸は矢印の水平方向の長さを示している[12]。縦軸は，同方向矢印図形と比べて内向矢印図形（⟶⟵）の標的線分がどの程度長く（もしくは短く）見えていたかを示している。プラスの値であれば長く，マイナスの値であれば短

---

[12]　ハトはモニタ画面上の図形を 5～10 cm くらいの距離から見ていると考えられるが，ヒトで同様の条件で実験することは不可能であった。そのため，本書で紹介するヒトを対象とした実験では，モニタ画面上と眼の距離がハトのおよそ 4 倍となるようにした（ハトの場合を 7.5 cm として計算）。その際，視角（眼に投影される物体がなす角度）をハトとヒトで等しくするために，ヒトを対象とした実験では，ハトに対して用いた図形の 4 倍サイズのものを使用した。ただし，ハトとヒトの結果を比較しやすくするため，図 2-16 では 4 分の 1 倍した標的線分の長さを示した。

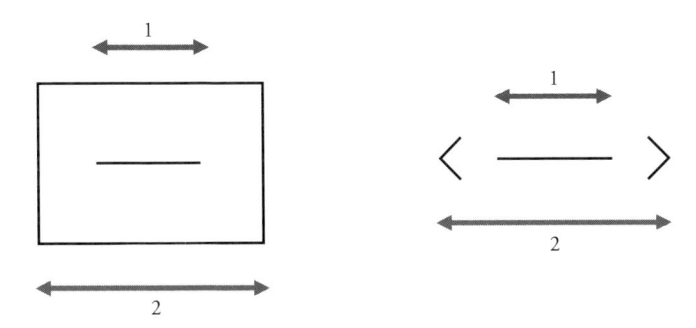

図 2-17 長方形枠に囲まれた線分は実際の長さよりも長く見える錯視が生じ，線分と長方形の幅の比が 1：2 のときに錯視は最大になる (Fellows, 1968)。この比は，ミュラー・リヤー逆錯視の生じ方が最大となるときの標的線分の長さと両矢印の頂点間距離の比に等しい (Fellows, 1967)。

く見えていたことになる。例えば＋5％であれば，同方向矢印図形の標的線分と比べて，（物理的には同じ長さであるはずの）内向矢印図形（>───<）の標的線分が 5％長く見えていたことを意味する。先行研究で示されてきた通り，矢印の長さと標的線分の錯視量との間には逆 U 字の関係があることが分かる。図 2-16 のヒトの結果に関して，テストごとに統計解析をおこなった[13]ところ，両テストで「矢印の長さの主効果」の p 値が 0.05 より小さいことが示された（表 2-6）。つまり，矢印の長さによって錯視量に違いがあることが明らかとなった。さらに，どの矢印の長さの間で錯視量に違いがあるのかを詳細に調べるための統計解析をおこなった[14]ところ，各棒グラフの上にあるアルファベットが示す通りの結果となった。同じアルファベットがある条件間では統計的に意味のある差がないことを（p 値が 0.05 以上），異なるア

---

13) 1 要因の繰り返しのある分散分析
14) 下位検定（ボンフェローニの対応のある t 検定）

ルファベット文字が記されている条件間では統計的に意味のある差が確認されたこと（p 値が 0.05 未満）をそれぞれ示している。テスト A を例に挙げて説明すると，まず，矢印の長さが 4 ピクセルの図形に対してのみ "a" が記されているが，これは，この図形に対する錯視量が他の全ての条件のそれに比べて小さかったことを意味する。それに対し，その他 4 つの図形（矢印の長さが 6, 8, 10, 12 ピクセルの図形）に対しては全て "b" が記されており，これは，これら 4 つの図形間では錯視量に統計的な意味のある差がなかったことを意味する。ヒトの結果をまとめると，矢印が長くなるにつれて標的線分に対する過大視量がテスト A では増加，テスト B では減少したことが分かった。言い換えれば，矢印の長さと標的線分の錯視量との間には逆 U 字の関係があったことが，客観的な指標から明らかとなった。

　ハトはどうだろうか。図 2-16（b）のグラフは，テスト A～C で実施した条件のうち，内向矢印図形（＞―＜）と同方向矢印図形に関するものだけを取り出してまとめたものである。これまでの実験（例えば図 2-8）では，6 種類の標的線分の長さ（30, 36, 42, 48, 54, 60 ピクセル）を横軸にとることで標的線分の長さごとの結果を個別に示したが，実験 3 ではそのように表記すると煩雑で分かりにくくなるため，6 種類の標的線分の結果を平均した値を示している。なお，複数のテストにわたっておこなった条件（矢印の長さ 8, 12 の条件と同方向矢印図形）については，各テストの平均値を掲載している。棒グラフは 3 羽の平均値，折れ線グラフは各ハトの値である。ヒトの結果と比べて明らかに違う点は，矢印の長さが長くなっても，標的線分に対して「長い」と報告する割合が減少しなかった，つまり逆 U 字の関係が生じなかったことである。この図 2-16 のハトの結果に関して，テストご

とに統計解析[15]をおこなったところ,「矢印の長さの主効果」の p 値がテスト A と C では 0.05 未満,テスト B では 0.1 未満となった(表2-6)。つまり,矢印の長さによって「長い」と報告した割合に統計的に意味のある違い(テスト B についてはその傾向)があることが分かった。どの矢印の長さの間で錯視量に違いがあるのかを詳細に調べるための統計解析[16]をおこなったところ,テスト C における矢印の長さ 8 と 32 の図形間においてのみ統計的に意味のある差を確認し(p 値 < 0.05),それはヒトとは逆の傾向であった(つまり,矢印の長さ 32 ピクセルの図形のほうが,長さ 8 ピクセルの図形よりも「長い」と報告する率が高かった)。以上の結果をまとめると,ヒトと異なりハトでは,矢印が長くなっても標的線分に対する過大視量が減少しないことが明らかとなった。

なお実験 3 においても,矢印を含めた図形全体の長さや矢印先端間の距離がハトの反応手がかりになっていなかったことは,実験 1 同様の分析方法によって確認している。

2-3 ミュラー・リヤー錯視におけるハトとヒトの類似点と相違点

ハトとヒトでは,ミュラー・リヤー錯視の生じ方に類似点と相違点があることが分かった。順錯視(外向矢印図形(<—>)よりも内向矢印図形(>—<)の標的線分のほうが長く見える)がハトでもヒトでも生じるのに対し,逆錯視(標的線分と矢印が適度に離れると,内向矢印図形

---

15) テスト A〜C ごとに 1 要因の分散分析をおこなった。
16) 下位検定(ボンフェローニの対応のある t 検定)

〉——〈) よりも外向矢印図形 (〈——〉) の標的線分のほうが長く見える) はハトでは生じないことが分かった。ただし，順錯視に関しても両種で全く同じように生じているわけではなく，錯視量，特に内向矢印図形 (〉——〈) の矢印の長さを変化させたときの錯視の生じ方には，ハトとヒトの間で大きな違いがあった。

こうした類似点と相違点から，ハトやヒトがどのようにものを見ているのかを考察できないだろうか。ヒトを対象とした錯視に関する先行研究やハトを対象とした視覚に関する先行研究から分かっていることと，本実験結果とを照らし合わせながら論じていくことにする。

■ハトでは「対比」は起こらない？

ヒトのミュラー・リヤー錯視に関する研究では，どのようなメカニズムで錯視が生じるのかについて，生理学的側面の立場から高次な認知機能の立場まで，さまざまな説が提唱され，批判されてきた。その全てを詳細に紹介することは本書の目的から外れるため，ここではハトとヒトの比較研究の結果を理解するために必要と思われる「同化・対比」の錯視分類法を述べるに留める。その他の理論や考え方については，後藤・田中 (2005) などを参照してほしい。

長さ，大きさ，色に関する錯視については，同化 (assimilation)・対比 (contrast) という観点から論じられることがしばしばある (例として，Goto, Uchiyama, Imai, Takahashi, Hanari, Nakamura, & Kobari, 2007; Robinson, 1998)。Goto ら (2007) によれば，差の縮小 (decrease of difference) を同化，差の増大 (increase of difference) を対比としている。同化の例として，次の章で登場する同心円錯視図 (図 3-10) がある。黒く塗りつぶされた中心円の大きさとその周囲にあるリングの大きさが近いときには，中心円は実際よりも大きく見える。これは，中心円

2-3 ミュラー・リヤー錯視におけるハトとヒトの類似点と相違点

のリングへの同化によって，両円における大きさの差の縮小が生じたと説明される。長さの錯視でいえば，ポンゾ錯視で傘の頂点に近い線分が長く見える現象は同化にあたる。Fujita ら (1991) は，ハトのポンゾ錯視も (標的線分の傘への) 同化によって引き起こされていると述べている。一方，対比の例としては，第 1 章で紹介したエビングハウス・ティチェナー錯視がある (図 1-1(b))。真ん中に置かれた円は同じ大きさなのに，その周りにある円が小さい時には真ん中の円は大きく見え，周りの円が大きい時には小さく見える錯視である。これは，中心円の大きさと周囲の円の大きさにおける差の増大，すなわち対比が生じている。

　ミュラー・リヤー錯視にこの分類を当てはめると，順錯視は標的線分と矢印の同化，逆錯視はそれらの対比として説明される (例えば後藤・田中, 2005)。ただし，順錯視に関しては条件によって対比も生じうる。それはまさに実験 3 で取り上げた，内向矢印図形 (>――<) の矢印の長さを変化させたときに，標的線分の見えの長さが過大視 (標的線分と矢印の同化) から過小視 (標的線分と矢印の対比) へと移行する現象である (Robinson, 1998)。この同化と対比の分類法からハトとヒトのミュラー・リヤー錯視の結果を見直すと，そこには規則性があることに気がつく。同化 (通常の順錯視: 実験 1) はハトでも生じるが，対比 (逆錯視: 実験 2, 矢印の長さと順錯視量との間の逆 U 字関係: 実験 3) はハトでは生じない。ポンゾ錯視の結果もこの規則性 (同化がハトでも生じた) に当てはまる (Fujita ら, 1991)。動物の錯視における同化・対比に関する議論は，Fujita らのポンゾ錯視研究以外にはこれまでにおこなわれていないため，この規則がどの程度の一般性をもつものなのかについては分からない。大きさの錯視を取り上げる次章以降で，引き続き検討していくことにする。

■ヒトの全体志向的，ハトの局所志向的な情報処理傾向

　同化・対比の種差を生み出しているものは何だろうか。特に有力だと思われるのは，第1章でも述べた，ヒトの全体志向的，ハトの局所志向的な情報処理傾向である。

　ミュラー・リヤー順錯視が，局所的・全体的のどちらの影響によって生じているかを調べた研究がある。Postら（1998）は，ミュラー・リヤー順錯視図内の標的線分をシャープペンシルを使って8等分させる課題をヒトに対して実施した。もし，錯視が標的線分に対して一様に生じているのであれば，線分はきれいに8等分されるはずである。しかし実際には，標的線分は均等に分割されず，矢印に近い部分が他と比べて長くあるいは短く分割される結果となった。つまり，線分と矢印の接点付近に集中して錯視が生じていることが分かった。この結果は，ミュラー・リヤー順錯視が図形全体に働く相互作用として生じているのではなく，線分と矢印の接点付近という図形部分間の「局所的」な相互作用（同化）によって生じることを示している。

　一方，ミュラー・リヤー逆錯視図の場合，標的線分と矢印との間に空白が存在しているため，順錯視のように局所的な図形間の相互作用によって錯視が生じることは考えにくい。実際に，図形全体に働く相互作用の結果から逆錯視を説明する研究がある。Fellows（1968）は，ヒトでミュラー・リヤー逆錯視が生じる原因のひとつとして，囲い（enclosure）の効果を挙げている（図2-17）。ミュラー・リヤー逆錯視は，標的線分の長さと両矢印の頂点間距離の比が1：2のときに最も強く生じることは既に述べた（図2-13；Fellows, 1967）。Fellows（1968）はFellows（1967）と同様の手続きで，長方形枠に囲まれた標的線分の長さを判定させる課題をおこない，標的線分長と枠幅の比を変化させたときに，標的線分の見えの長さがどのように変化するかを測定した。

2-3 ミュラー・リヤー錯視におけるハトとヒトの類似点と相違点

　その結果，標的線分長と枠幅の比が1：2のときに標的線分が最も長く見えることが分かった。さらに，その比が1：8〜5：8の間で変化したときの標的線分の見え方は，ミュラー・リヤー逆錯視図の標的線分長と両矢印の頂点間距離の比を1：8〜5：8の間で変化させたときの標的線分の見え方とほとんど同じであることが分かった。つまり，ミュラー・リヤー逆錯視図の2つの矢印とFellows (1968) の長方形枠は，標的線分の見えに対して同じような影響を与えていたことが分かった。この結果からFellowsは，ヒトのミュラー・リヤー逆錯視は，2つの矢印に囲まれた領域内に標的線分があるといった，図形全体的な処理がおこなわれた結果として生じる現象である，という仮説を提唱している。

　ハトにおいても，長方形枠に囲まれた標的線分の長さがどのように見えているかを調べた実験がある（渡辺・足立・藤田, 2006）。訓練の方法は，実験1の図2-5で紹介したやり方に似ており，一辺が150ピクセルの正方形枠内にある標的線分に対し，線分の長さが30・38・46ピクセルのときは「短い」，54・62・70ピクセルのときは「長い」と報告することをハトに学習させた。その後，訓練で用いた図形に加えて，テスト問題として枠サイズが115もしくは195ピクセルに変化した図形を呈示した。テストの結果，枠サイズが変化しても標的線分の長さ報告に違いは生じないことが分かった。つまり，ヒトと違ってハトでは，枠に囲まれた標的線分への過大視が生じないことが示唆された。局所志向的な情報処理傾向が強いハトにとって，全体的な処理を必要とする対比錯視は生じないのかもしれない。この議論については，第3章以降で詳しく述べる。

第 3 章

大きさの錯視

エビングハウス・ティチェナー錯視, 同心円錯視

第2章では，特殊な状況下において，物理的な長さと見えの長さに大きなズレが生じる事例を紹介した。そうしたズレはヒトだけでなくハトでも生じるが，ズレかたには種差があること，その種差の原因はハトとヒトの視覚情報処理（平たくいえばものの見方）の違いによるものであることを述べた。第3章では，「長さ」という1次元の世界で見られたこのようなズレが，「大きさ」という2次元の世界でも生じるのか，そして，そのズレかたはハトとヒトで共通しているのか，あるいは大きな違いがあるのか，それを明らかにしていくことが目的である。具体的には，エビングハウス・ティチェナー錯視図（図1-1（b））と同心円錯視図（図3-10）という2種類の図形をハトとヒトがどのように見ているのかを比較した筆者らの研究を紹介する。

3-1　ハトにおけるエビングハウス・ティチェナー錯視

■【実験4】ハトでエビングハウス・ティチェナー錯視は生じているのか

1）実験手続き

　デンショバト（*Columba livia*）6羽（Opera，Neonは6歳オス，Harvyは5歳メス，Glueは5歳オス，Quilleは8歳メス，Pigouは10歳オス。年齢は実験開始時）を対象に実験をおこなった。装置や基本的な実験手続きは，第2章のミュラー・リヤー錯視実験と同じであった。

　本実験で用いた図形の例を図3-1に示す。中心に位置する1つの標的円とその周囲に位置する6つの周囲円から構成された。標的円・周囲円ともに黒く塗りつぶされた円であった。標的円の直径は6種類（30・36・42・48・54・60ピクセル（8.9・10.7・12.5・14.3・16.0・17.8

◆ 第 3 章 大きさの錯視

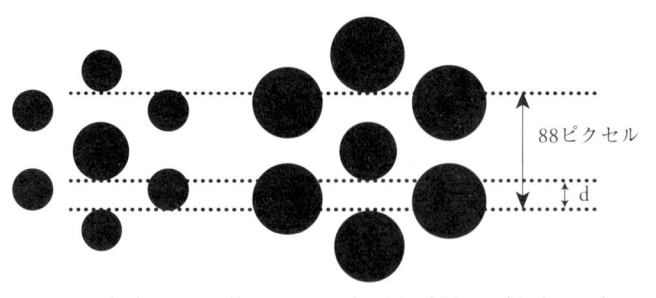

図 3-1 実験 4, 5 で使用した図形の例。標的円（中心の円）の大きさが等しい場合には，周囲円が大きくても小さくても，それらの間の距離（d）は一定であった。

mm））あった。対向する周囲円間の距離は常に 88 ピクセル（26.1 mm）に固定することにより，標的円の大きさが等しい場合には，周囲円が大きくても小さくても，標的円と周囲円の間の距離が一定となるようにした。それにより，ハトがこの距離を大きさ報告の際の手がかりとして使えないようにするためである。標的円の中心点と互いに隣り合う周囲円の各中心点を結ぶ図形が正三角形になるように，各円を配置した。

第 2 章のミュラー・リヤー錯視の実験では，初めに線分の長さを報告させる訓練をおこなったが，本実験では，円の大きさを報告させる訓練をおこなった（図 3-2(a)）。6 種類の大きさの標的円うちのどれか 1 つがモニタ画面に現れ，その直径が 30, 36, 42 ピクセルの場合には「小さい」，48, 54, 60 ピクセルの場合には「大きい」に対応するアイコン（■もしくは□）を選択すると正解であった。

円の大きさをきちんと報告できるようになったら，次に，標的円の周りに 6 つの周囲円を呈示した。ハトは，周囲円が呈示されなかった最初の訓練と同じ基準で標的円の大きさを報告することが求められた

3-1 ハトにおけるエビングハウス・ティチェナー錯視

(a) 6種類の直径の標的円を大きいものと小さいものとに振り分ける訓練

「小さい」　　　　　　　　「大きい」

(b) 周囲円を無視して，標的円の大きさを報告する最終訓練

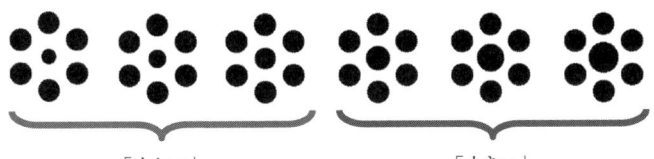

「小さい」　　　　　　　　「大きい」

図 3-2　(a) 言語を使わずに円の大きさを報告させるため，最初の訓練では，6種類の直径の標的円を大きいものと小さいものとに振り分ける課題をおこなった。
(b) 最終訓練では，標的円の周囲に直径44ピクセルの円を配置した図形に対して，(a) と同様の振り分け訓練をおこなった。

(図3-2(b))。6つの周囲円の直径は44ピクセル (13.1 mm) であった。ミュラー・リヤー錯視の実験同様，ハトが混乱することを避けるために，最初は周囲円の色を薄い灰色とした。1日の正答率が80％以上であれば，徐々に灰色を濃くしていき，黒色に近づけていった。1羽のハト (Opera) は14段階，他のハトは26段階の灰色周囲円で訓練を重ねた後，黒い周囲円を呈示する最終訓練段階に進んだ。1羽 (Pigou) は，訓練を重ねるにつれて標的円をつつかないようになってしまったため，この段階で実験を中止した。最終訓練では，6つの黒色周囲円を標的円の周囲に呈示した。2日連続で正答率が80％以上となった段階でテストに進んだ。

テスト段階ではA〜Cの3種類のテストをおこなった。1日に384

問おこなった。うち288問は最終訓練と同じ図形（周囲円直径44ピクセル）を訓練問題として出題した。残りの96問はテスト問題で，訓練問題の図形よりも，周囲円が大きいもしくは小さい図形を出題した。初めのテストAでは，周囲円の直径が40および48ピクセル（11.9 mmもしくは14.3 mm）の図形をテスト問題として出題した。テスト問題の図形は12種類（標的円の直径が6種類×周囲円の直径が2種類）であったので，1日のテストで各テスト図形を8回出題した。テストAを計6日実施したら，次に，テストBを実施した。テストBでは，周囲円の直径が36および52ピクセル（10.7 mmもしくは15.4 mm）の図形をテスト問題として出題した。同様に，テストBを計6日実施した後，周囲円の直径が32および56ピクセル（9.5 mmもしくは16.6 mm）の図形をテスト問題として出題するテストCを計6日実施した。テスト問題ではどのような大きさ報告をしても正解とした点，テスト実施日の後に訓練問題のみを出題する日を最低1日設けた点についても，ミュラー・リヤー錯視実験と同じであった。

　予測される結果として，もしハトでもヒトと同じような錯視が生じているならば，小さい周囲円図形（直径40，36，32ピクセル）に対して「大きい」と報告する割合は訓練図形（周囲円直径44ピクセル）に対するそれよりも高くなるだろう。逆に，大きい周囲円図形（直径48，52，56ピクセル）に対しては，「大きい」と報告する割合は低くなるだろう。

2）実験結果と考察

　どのハトも，訓練問題で高い正答率を示した（テストA: 85〜88％，テストB: 87〜90％，テストC: 84〜90％）。このことは，テスト実施日においてもハトが標的円の大きさに応じた「大・小」の報告をきちん

とおこなっていたことを意味している。

テストの結果を，図 3-3 (テスト A)，3-4 (テスト B)，3-5 (テスト C) に示した。各図の右下のグラフが 5 羽の平均，他のグラフはハト別の結果である。標的円の直径（横軸）に対して，「大きい」と報告した割合（縦軸）を表している。シンボルのない直線グラフ（──）が訓練問題，三角形シンボルのついたグラフ（-▲-）が小さい周囲円図形，正方形シンボルのついたグラフ（··■··）が大きい周囲円図形の結果である。驚くべきことに，テストしたハト全てにおいて，予測とは真逆の結果となっていた。つまり，小さい周囲円図形よりも，大きい周囲円図形の標的円に対して「大きい」と報告する割合が高くなっていたのである。

このことを客観的な指標を用いて検討するために，第 2 章のミュラー・リヤー錯視実験と同様の統計解析をおこなった。条件間で周囲円直径の差が一番大きく，錯視の効果が最も大きいと予想されるテスト C の結果（図 3-5）に対して統計解析[1]をおこなったところ，表 3-1 のようになった。「周囲円直径の主効果」の p 値が 0.05 未満であったことは，小さい円より大きい円に囲まれた標的円に対して「大きい」と報告する割合が高かったことが統計的に示されたことを意味する。個体ごとにも同様の統計解析をおこなったところ，全個体で同様の結果となった。

しかし，本当にハトは標的円の大きさに基づいた「大・小」報告を

---

1) 2 要因の繰り返しのある分散分析（3 [周囲円直径：小，訓練（中），大] × 6 [標的円直径：30, 36, 42, 48, 54, 60 ピクセル]）をおこなった。本文では「周囲円直径の主効果」についてのみ言及している。「標的円直径の主効果」「交互作用（周囲円直径 × 標的円直径）」の p 値がそれぞれ 0.05 未満であったことの意味は，第 2 章のミュラー・リヤー錯視の実験 1 を参照してほしい。

◆ 第3章 大きさの錯視

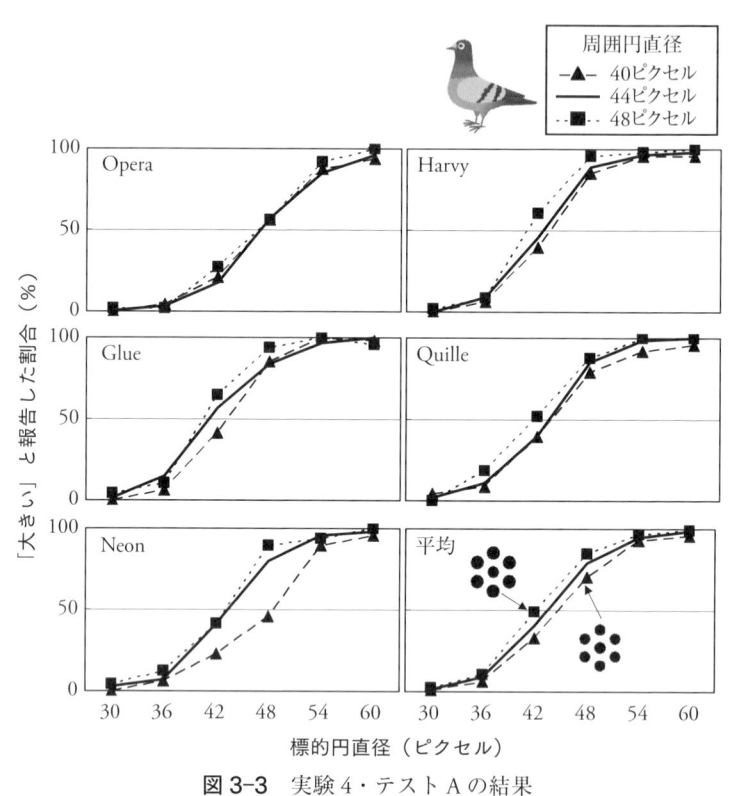

図3-3 実験4・テストAの結果
（Nakamura, Watanabe, & Fujita, 2008をもとに作成）

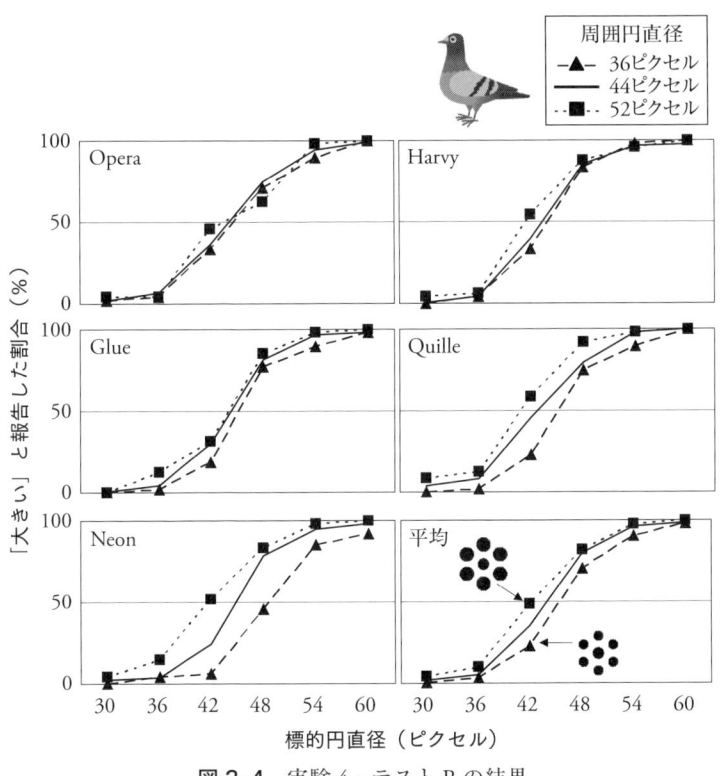

図 3-4 実験 4・テスト B の結果

(Nakamura, Watanabe, & Fujita, 2008 をもとに作成)

◆◆ 第3章　大きさの錯視

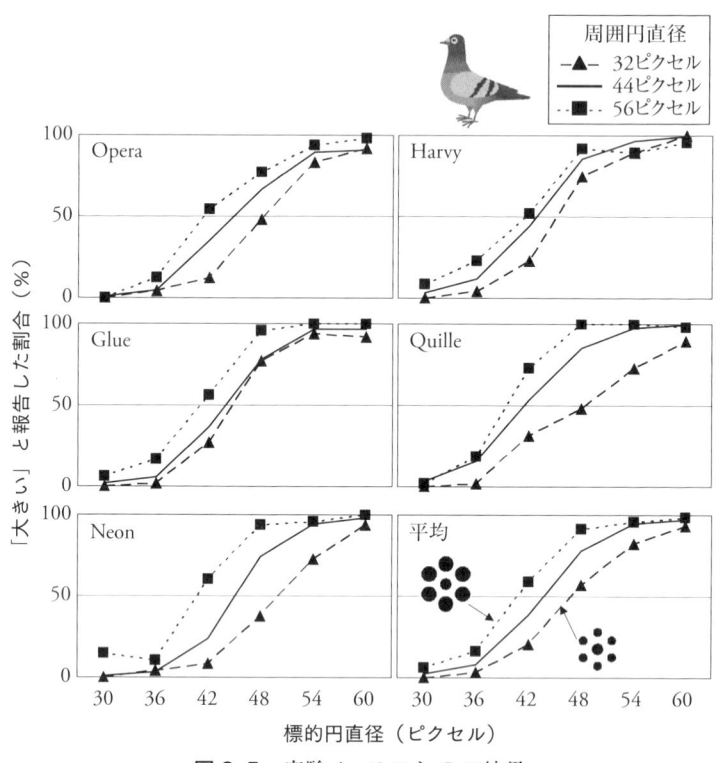

図 3-5　実験 4・テスト C の結果

（Nakamura, Watanabe, & Fujita, 2008 をもとに作成）

表 3-1　図 3-5 に対する統計解析結果

	周囲円直径の主効果		標的円直径の主効果		交互作用（周囲円直径×標的円直径）	
	F 値	p 値	F 値	p 値	F 値	p 値
全体	28.72	∗	395.51	∗	10.71	∗
Opera	19.68	∗	261.20	∗	4.66	∗
Harvy	10.35	∗	129.72	∗	2.97	∗
Glue	22.87	∗	239.94	∗	1.37	n.s.
Quille	92.75	∗	220.32	∗	8.38	∗
Neon	59.14	∗	147.07	∗	7.39	∗

*: $p<0.05$（統計的に意味のある差が確認された）
n.s.（統計的に意味のある差を確認できなかった）

していたのだろうか。他の手がかりを使ってこの課題を解いていた可能性はないのだろうか。以下，考えられる可能性を 1 つずつ検討していくことにする。

　まず，標的円の大きさではなく周囲円の大きさを答えていた可能性である。もしハトが実際にそうしていたのであれば，「大きい」と報告した割合を示すグラフは標的円直径に関わらず一定になる，つまり横軸に対して平行になるはずだが，そうなっていないのは明らかである（図 3-3〜3-5）。

　標的円と周囲円の間の距離に関しても，手がかりとはなっていない。なぜなら先に述べたように，標的円の大きさが等しい場合には，周囲円が大きくても小さくても標的円と周囲円の間の距離が一定となるようにした（図 3-1）ため，もしこれが手がかりとなっていたとすれば，先の可能性と同様，「大きい」と報告した割合を示すグラフは標的円直径に関わらず一定になるはずである。

◆ 第3章 大きさの錯視

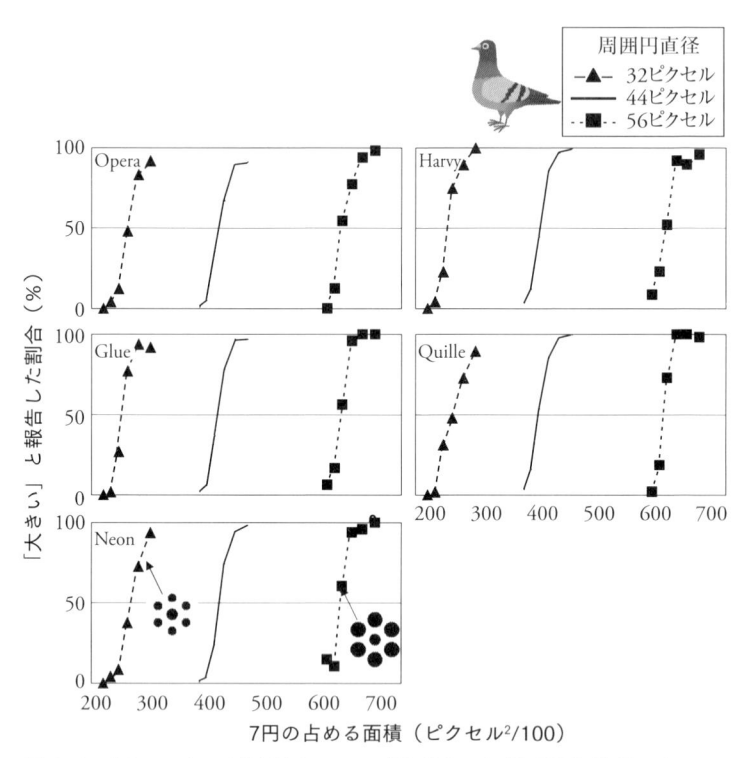

図 3-6 図 3-5 を，標的円と 6 つの周囲円の合計面積を横軸にとってプロットし直したグラフ

(Nakamura, Watanabe, & Fujita, 2008 をもとに作成)

3-1 ハトにおけるエビングハウス・ティチェナー錯視

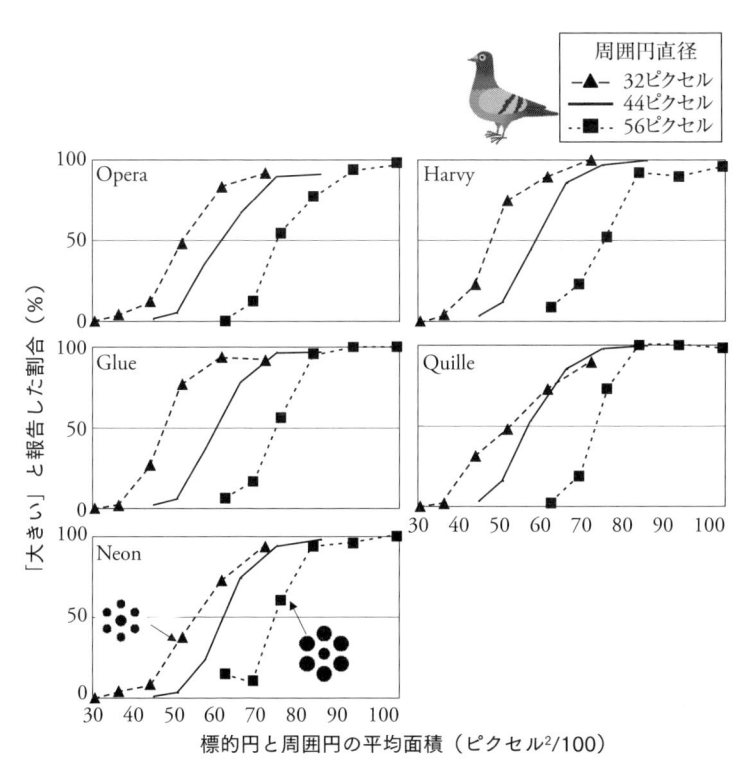

図 3-7 図 3-5 を，標的円と周囲円の平均面積を横軸にとってプロットし直したグラフ

(Nakamura, Watanabe, & Fujita, 2008 をもとに作成)

標的円と 6 つの周囲円の合計面積（図 3-6）や，標的円と 1 つの周囲円の平均面積（図 3-7）も反応手がかりとなっていない。もしこれらが反応手がかりになっていたとすれば，これらの数値を横軸にとったときの 3 つの折れ線グラフはぴったりと重なるはずであるが，いずれもそうはなっていない（図 3-6，図 3-7）。

これらの原因によってハトの反応を説明できないことから，ハトは標的円の大きさに基づいて「大・小」の報告をしていたと考えるのが妥当であると思われる。その上で，ハトは予測される結果とは逆の結果を示した。つまり，ハトではヒトとは逆方向のエビングハウス・ティチェナー錯視が生じていたと考えられる。

なお，ミュラー・リヤー錯視実験同様，同じ図形を使ったテストをヒトに対してもおこなっている（8名：女性 2 人，男性 6 人。21～36 歳）。その結果，ヒトでは先行研究で示されてきたように，大きい円に囲まれた標的円よりも小さい円に囲まれた標的円のほうが大きく見えていること，つまりハトとは逆の結果を確認した。

しかしながら，実験 4 からだけでは棄却できない可能性がある。それは，「標的円と周囲円の大きさ加算による重み付け」によって，ハトが「大・小」報告をしていたのではないかという説明である。標的円を第 1 の手がかり，周囲円を第 2 の手がかりとして，それぞれに対して重み付けを与えていたのではないかというこの仮説を，以下，「重み付け仮説」と呼ぶ。そこで，この仮説を検証するために次の実験をおこなった。

■【実験 5】ハトは本当に標的円を手がかりにしていたのか？（重み付け仮説の検証）

実験 5 では重み付け仮説を検証するため，実験 4 のテスト C の条

件に周囲円なしの図形，つまり標的円のみがモニタ画面上に呈示される問題を加えたテストをおこなった。もし重み付け仮説が正しいとすれば，周囲円がないときよりも，周囲円があるときのほうが「大きい」と報告した割合を示した折れ線グラフは平坦になるはずである。例えば，周囲円がない場合，最も小さい直径30ピクセルの標的円に対してはほぼ100％「小さい」と報告するだろう。しかし，周囲円の大きさも「大・小」報告の手がかりとなるこの仮説の場合，周囲円（仮に直径44ピクセルとする）が標的円の周りに存在していると，「大きい」と報告する割合は上がると予想される。逆に，標的円が大きい場合（直径60ピクセル）は，周囲円がなければほぼ100％「大きい」と報告するが，周囲円がある場合には「大きい」と報告する割合が下がることになる（詳細は，後述する結果と考察を参照）。

1）実験手続き

実験4でテストした5羽のうちの4羽を対象におこなった（Opera, Neon, Harvy, Glue）。実験手続きは，以下に述べる点を除いて基本的には実験4と同じであった。実験4の最終訓練と同じように，直径44ピクセルの黒色周囲円6つと標的円からなる図形で再訓練した。その後，実験4ではそのままテストに進んだが，実験5では，周囲円がない図形に対するハトの反応を確認するために，標的円のみを問題として出題する訓練を1〜2日実施した。1日（384問）の正答率が80％以上になることを確認して，テストに移った。

テストは，標的円のみが呈示される問題が加わった点を除いて，実験4のテストCと同じであった。1日に396問出題し，そのうちの288問が訓練問題（周囲円直径44ピクセルの図形），残りの108問がテスト問題であった。テスト問題は，直径32ピクセルの周囲円の図形，

直径 56 ピクセルの周囲円の図形，周囲円なし（標的円のみ）の 3 種類について，それぞれ標的円が 6 種類（直径 30，36，42，48，54，60 ピクセル（8.9・10.7・12.5・14.3・16.0・17.8 mm））の計 18 種類の図形を 6 回ずつ出題した。テスト実施日が計 8 日になるまでおこなった。

このテストをおこなったところ，ハト 1 個体（Opera）において，「小さい」という報告しかしなくなる反応バイアスが現れてしまい，正確な「大きい」報告率を計算することが不可能となってしまった。そのため，このハトに対しては，訓練問題のなかに周囲円なしの標的円のみ図形を加えてテストをおこなった 1 日に 384 問出題した。そのうちの 288 問が訓練問題で，周囲円直径 44 ピクセルの図形と周囲円なしの図形を各 144 問出題した。残りの 96 問がテスト問題で，直径 32 ピクセルの周囲円の図形，直径 56 ピクセルの周囲円の図形の 2 種類について，それぞれ標的円が 6 種類の計 12 種類の図形を 8 回ずつ出題した。テスト実施日が計 6 日になるまでおこなった。

2）実験結果と考察

図 3-8 のグラフ(a)～(e)は実験 5 の結果（グラフ(e)は 4 羽の平均値）を示している。実験 4 のテスト C とほとんど同じ結果となっており，小さい円に囲まれた標的円よりも，大きい円に囲まれた標的円に対して「大きい」と報告する割合が高かったことが再度示された。

グラフ(f)～(h)は，重み付け仮説が正しいと仮定したときに予測される結果を示している。これらのグラフは，以下の計算式から算出された値によって描かれたものである。

「大きい」と報告する割合（予測値）＝ $\text{Choice}[\alpha \times \text{Dt} + (1-\alpha) \times \text{Di}]$

なお，各記号の意味は以下の通りである。

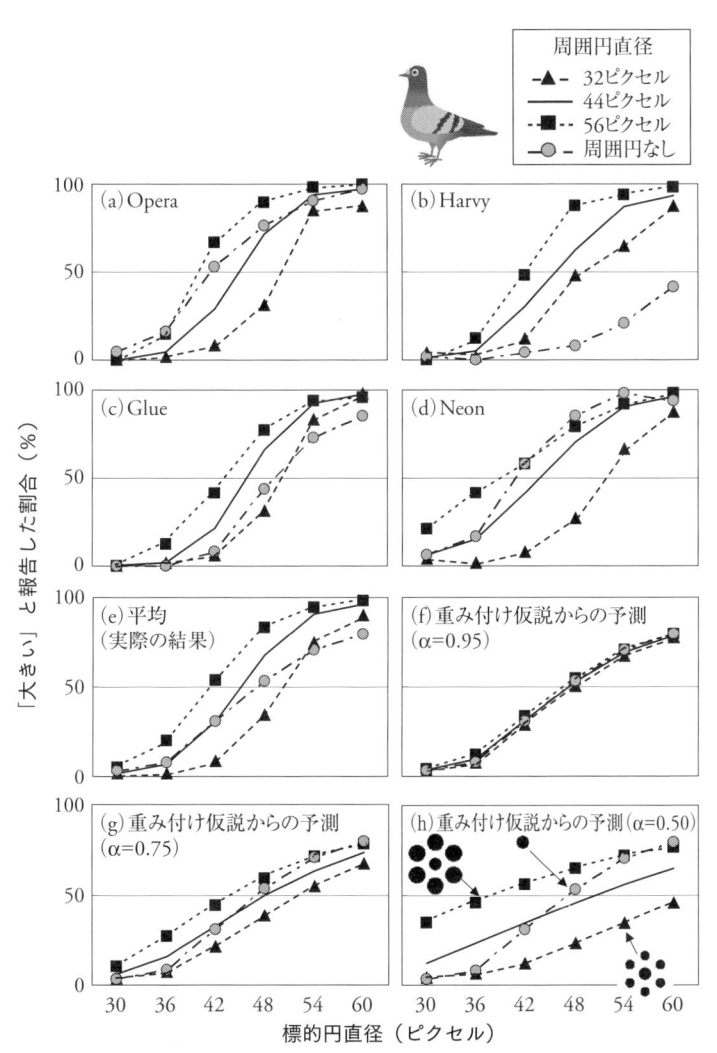

図 3-8 実験5の結果。(a)～(d) 個体別の結果。(e) 4個体の平均。(f)～(h) 重み付け仮説が正しいと仮定したときに予測される反応のモデル。重み付け仮説については，本文を参照。

(Nakamura, Watanabe, & Fujita, 2008 をもとに作成)

◆ 第3章 大きさの錯視

　　Choice (Dx)：周囲円なしの直径 x ピクセルの標的円に対して「大きい」と報告した割合
　　α：標的円領域に対する相対的な重み付け（$0 \leq \alpha \leq 1$）
　　$1-\alpha$：周囲円領域に対する相対的な重み付け
　　Dt：標的円の実際の直径（30，36，42，48，54，60 ピクセルのいずれか）
　　Di：周囲円の実際の直径（32，44，56 ピクセルのいずれか）

　数式が出てきてイメージがしにくいかもしれない。まず，α についての例を挙げると，仮に $\alpha = 1$ であれば，周囲円への重みは $1 - \alpha = 1 - 1 = 0$ なので，ハトは標的円の大きさのみに基づいた「大・小」報告をしていることになる。逆に，$\alpha = 0$ であれば，ハトは周囲円の大きさのみに基づいた「大・小」報告をしていることになる。$\alpha = 0.75$ であれば，ハトの「大・小」報告は標的円と周囲円の両方に基づいておこなわれており，その内訳は標的円が75％，周囲円が25％ということになる。

　次に，重み付け仮説に従った行動をハトがとっていたと仮定した場合，「大きい」と報告する割合がどの程度になるか，その予測値を算出する過程を標的円の直径 42 ピクセル，周囲円の直径 32 ピクセルのエビングハウス・ティチェナー錯視図を例に挙げて説明しよう。ただし，$\alpha = 0.75$ とする。Dt = 42，Di = 32，$\alpha = 0.75$ を，先に述べた式に代入すると，

　　「大きい」と報告する割合（予測値）= Choice $\{0.75 \times 42 + 0.25 \times 32\}$
　　　　　　　　　　　　　　　　　= Choice (39.5)

となる。つまり，このエビングハウス・ティチェナー錯視図形に対し

て「大きい」と報告する割合は，直径 39.5 ピクセルの周囲円なしの標的円に対して「大きい」と報告する割合に等しくなる。実際のテストでは，直径 39.5 ピクセルの標的円は存在しなかったため，そのサイズに近い直径 36 および 42 ピクセルの標的円に対して実際にハトが「大きい」と報告した割合から，以下のように算出した。

$$\text{Choice}(39.5) = [\text{Choice}(42) - \text{Choice}(36)]/(42-36) \times (39.5-36) + \text{Choice}(36)$$

実際の実験から，周囲円なしの標的円に対して「大きい」と報告した割合は，直径 36 ピクセルの円では 8.2％，42 ピクセルの円では 30.9％だった（図 3-8(e)，4 個体の平均）ため，これらの値を代入すると，

$$\text{Choice}(39.5) = [30.9 - 8.2]/(42-36) \times (39.5-36) + 8.2$$
$$= 21.4$$

重み付け仮説によれば，標的円の直径 42 ピクセル，周囲円の直径 32 ピクセルのエビングハウス・ティチェナー錯視図に対して「大きい」と報告する割合は 21.4％になると予測されるわけである（ただし，標的円に対する重みづけを 75％と仮定し，4 羽の平均値から算出した場合）。

同様に，他のエビングハウス・ティチェナー錯視図（標的円直径 6 種 × 周囲円直径 3 種）についても計算した結果のグラフが図 3-8(g) である。つまりこれが $\alpha = 0.75$ のときの，重み付け仮説のモデルグラフとなる。さらに，$\alpha = 0.95$ もしくは 0.50 と仮定した場合の予測も同様に計算した（図 3-8(f)，(h)）。$\alpha = 0.95$ のように α が 1 に近いとき，「大きい」と報告する割合はほぼ標的円のみに基づくものとなる。つまり，周囲円の影響はほとんど受けないため，周囲円があってもなくても，あるいは周囲円が大きくても小さくても，「大きい」と報告す

る割合はほぼ同じとなるため，4本全てのグラフはほぼ重なる（図3-8(f)）。逆に，α＝0.50のようにαが1よりもかなり小さいときは，「大きい」と報告する割合は，周囲円の影響を大きく受ける。よって，周囲円あり図形のグラフは，その図形の標的円直径の値で周囲円なし図形のグラフと交わり，周囲円なし図形のグラフよりも平坦になる。さらに，小さい周囲円図形のグラフは全体として左方向に，大きい周囲円図形のグラフは全体として右方向に移動する（図3-8(h)）。

　実際にハトが示した結果（図3-8(a)～(d)）と重み付け仮説から予測される結果（図3-8(f)～(h)）とを比べてみると，どの個体も重み付け仮説から予測される結果とは明らかに違うものとなっていることが分かる。なお，実験5においても，ハトの反応が標的円の大きさ以外の手がかり（周囲円の大きさ，標的円と周囲円との距離，標的円と6つの周囲円の合計面積，標的円と1つの周囲円の平均面積）に基づいたものではなかったことは，実験4と同じ分析によって明らかとなっている。

　以上の分析結果から，ハトは標的円の大きさに基づいた「大・小」報告をしていたこと，そして，ハトでも錯視が生じているが，それはヒトとは逆方向であることが明らかとなった。

■なぜヒトとは逆の錯視が生じたのか

　エビングハウス・ティチェナー錯視図に対して，ハトではヒトと逆の錯視が生じているという衝撃的な事実が明らかとなったわけであるが，なぜハトではこのような現象が起こるのだろうか。どのようなものの見方をしたら，エビングハウス・ティチェナー「逆」錯視が生じるのだろうか。

　同化・対比という点からは，ヒトでは標的円と周囲円の対比現象（周囲円が大きいほど標的円が小さく見える，周囲円が小さいほど標的円が

大きく見える）が生じ，ハトでは標的円が周囲円に同化する現象（周囲円が大きいほど標的円が大きく見える，周囲円が小さいほど標的円が小さく見える）が生じていると説明される。第2章で取り扱ったミュラー・リヤー錯視同様，ここでも，ハトでは同化現象は生じるが，対比現象は生じないという規則が成立していることが分かる。第2章では，このような同化・対比に関する種差が生じる背景には，ヒトの「全体」志向的，ハトの「局所」志向的な情報処理傾向が関わっているのではないかと述べた。ハトのエビングハウス・ティチェナー「逆」錯視もこの点から説明できるのであろうか。

　全体志向的/局所志向的な情報処理が，エビングハウス・ティチェナー錯視にどのように影響を与えているかについて，Parron and Fagot (2007) は，エビングハウス・ティチェナー錯視図をヒトとヒヒがどのように見ているかを比較した研究から論じている。これまでの視覚に関する研究から，ヒヒはヒトに比べて局所志向的な情報処理傾向が強いことが知られており，そうした研究においてヒトとは異なる結果を示す事例がいくつか報告されてきた（例えば Fagot & Deruelle, 1997; Deruelle & Fagot, 1998）。そして，エビングハウス・ティチェナー錯視に関しても，ヒヒはヒトとは異なる結果を示すことが分かったのである。この結果から Parron and Fagot は，ヒトのエビングハウス・ティチェナー錯視は，ヒトの全体志向的な情報処理によって生じるものであろうと論じている。実際にこれまでのヒトを対象とした研究からも，エビングハウス・ティチェナー錯視が生じるためには，図形全体をまとめて処理することが必要であることが示唆されている。例えば，Roberts, Harris, and Yates (2005) は，この錯視が生じる強さと標的円－周囲円間の絶対距離との間には直接的な関係があるとしている。標的円と周囲円が互いに遠く位置するほど錯視が弱まるのは，それらの円

をまとめて処理することが難しくなるため，というわけだ。しかし残念ながら，Parron and Fagot の実験からハトのエビングハウス・ティチェナー「逆」錯視を説明することはできない。なぜなら，ヒヒはヒトと違う結果を示したが，それはハトとも違う結果だったからである。実は，ヒヒでは全く錯視が生じなかった，つまり，周囲円が大きかろうが小さかろうが関係なく，標的円の大きさは常に同じに見えていたのである。Parron and Fagot によれば，ヒヒは局所志向の情報処理傾向が強いため，標的円にのみ強い注意を向け，周囲円の影響を一切受けなかったというわけである。

　ハトのエビングハウス・ティチェナー「逆」錯視は，ハトのもつ局所志向的な情報処理傾向で説明できないのか。その答えとなるヒントは，ヒトを対象におこなわれたある研究に隠されていた。

　実は，私たちヒトも，エビングハウス・ティチェナー「逆」錯視を体験できることを示した先行研究がある。エビングハウス・ティチェナー錯視図形の周囲円の外側 4 分の 3 を削った図形に対しては，錯視が生じる方向が逆転するのである（図 3-9; 盛永, 1956; Weintraub, 1979; 後藤・田中, 2005; Oyama, 1960; Robinson, 1998 も参照）。先に述べたように，周囲円が削られていない通常のエビングハウス・ティチェナー錯視の生起には，標的円と周囲円を図形全体としてまとめて処理することが必要である。それに対してこの実験では，標的円とその近傍のみを見るといった「局所」的な情報処理をおこなう状況を強制的に作り出していると考えることができる。ヒトの場合は，このように強制的に周囲円が消されないと「局所」的な見方は難しいが，もしかしたらハトは，通常のエビングハウス・ティチェナー錯視図に対してもこのような局所的な見方をしているのかもしれない。もしそうだとすれば，ハトの錯視がヒトのそれとは逆であったことも説明がつく。

3-1 ハトにおけるエビングハウス・ティチェナー錯視

図 3-9 左図は，右図のエビングハウス・ティチェナー錯視図形の周囲円の外側 4 分の 3 を削ったものである。左図では中心円が大きく見える，つまり，ヒトでも錯視が生じる方向が逆転することが分かる。

(後藤・田中，2005 をもとに作成)

通常のエビングハウス・ティチェナー錯視図を見たとき，ヒトは全体的な処理をおこなうために対比現象（周囲円が大きいほど標的円が小さく見える，周囲円が小さいほど標的円が大きく見える）が生じるが，ハトは標的円とその近傍のみといった局所的な処理をおこなうために，対比現象は生じず，逆に周囲円への同化現象（周囲円が大きいほど標的円が大きく見える，周囲円が小さいほど標的円が小さく見える）が生じるというわけである。

第 2 章と併せると，「長さと大きさ，いずれの錯視にしても，ハトでは同化は生じるが対比は生じない。その背景には，ヒトの全体志向的，ハトの局所志向的なものの見方が関係している可能性が高い。」とまとめることができる。

3-2 ハトにおける同心円錯視

図 3-10 のなかで，大きくあるいは小さく見える黒円はどれだろうか。おそらく，小さいリングに囲まれたものは実際の大きさ（リングなしの黒円）よりも大きく見え，大きいリングに囲まれたものは実際よりも小さく見えるのではないだろうか。同化・対比という点からいうと，前者は黒円がリングに「同化」した結果大きく見える，後者は黒円とリングの「対比」によって両者の差が強調されて見える（リングより小さい黒円はより小さく見える）と説明される。厳密には，錯視の大きさは，標的円直径とリング直径の比によって決まるとされ，両者の間には逆 U 字の関係があることが知られている（盛永, 1935; 小笠原, 1952）。つまり同心円錯視は，同化から対比への移行現象である。大きさの錯視か長さの錯視かの違いはあるが，ミュラー・リヤー順錯視図の矢羽の長さを変化させたときの錯視変化も，同化から対比への移行であった。長さの錯視に関して，ハトでは同化から対比への移行現象が生じないことは，既に第 2 章の実験 3 で示した。大きさの錯視についても，同様の規則が当てはまるのだろうか。エビングハウス・ティチェナー錯視実験の結果が，大きさの錯視全般に当てはまるものであるならば，ハトでは大きさの対比が生じない，つまり同化から対比への移行も生じないことになる。

■【実験 6】ハトで同心円錯視は生じているのか
1）実験手続き

エビングハウス・ティチェナー錯視研究の実験 4，5 に参加した，デンショバト 4 羽（Opera, Neon, Harvy, Glue）を対象に実験をおこなった。装置や基本的な実験手続きは，第 3 章のエビングハウス・ティチェ

3-2 ハトにおける同心円錯視

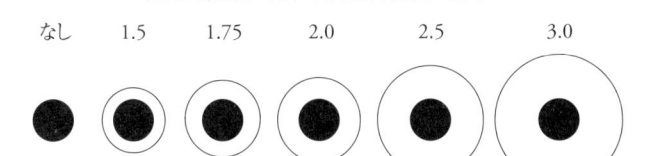

標的円直径に対する周囲円直径の比率

なし　1.5　1.75　2.0　2.5　3.0

図 3-10 実験 6, 7 で使用した錯視図形の例。黒く塗りつぶされた中心円の周りにあるリング状の円が配置されている。中心円とリングの大きさの比が小さいときには，中心円が実際よりも大きく見える。しかし，リングが大きくなっていくにつれて中心円の見えはだんだん小さくなっていく。しかし，実際には上の図形内の中心円の大きさは全て同じである。

ナー錯視実験と同じであった。

本実験で用いた図形の例は，図 3-10 に示した通りである。中心に位置する 1 つの標的円と同じ中心点をもつ周囲円（リング）から構成された。標的円はエビングハウス・ティチェナー錯視実験とまったく同じものであった（直径 30・36・42・48・54・60 ピクセル（8.9・10.7・12.5・14.3・16.0・17.8 mm））。リングの太さは 3 ピクセル（0.9 mm）であった。

どのハトも，エビングハウス・ティチェナー錯視実験で円の大きさを報告する訓練は十分に受けていたが，きちんと覚えているかを確認する意味で，最初に標的円の大きさ報告の再訓練をおこなった。エビングハウス・ティチェナー錯視実験同様，6 種類の大きさの標的円うちのどれか 1 つがモニタ画面に現れ，その直径が 30, 36, 42 ピクセルの場合には「小さい」，48, 54, 60 ピクセルの場合には「大きい」に対応するアイコン（■もしくは□）を選択すると正解であった。

円の大きさをきちんと報告できることを確認した後で，リングを標的円の周囲に呈示した。ハトは，リングが呈示されなかった最初の訓練と同じ基準で標的円の大きさを報告することが求められた。リングの直径は標的円の2倍であった。エビングハウス・ティチェナー錯視の実験同様，ハトが混乱することを避けるために，最初はリングの色を薄い灰色とし，徐々に黒色に近づけていった。最終訓練では，黒色リングを標的円の周囲に呈示した。2日連続で正答率が80％以上（1日384問）となった段階でテストに進んだ。

テスト段階では，テストA，テストBの2種類をおこなった。1日に384問実施し，うち288問は訓練問題で，最終訓練と同じ図形（標的円の2倍の直径のリングをもつ図形）を出題した。残りの96問はテスト問題で，訓練問題の図形よりもリングの直径が大きいもしくは小さい図形を出題した。初めのテストAでは，リングの直径が標的円の1.75倍および2.5倍の図形をテスト問題として出題した。テスト問題の図形は12種類（標的円の直径が6種類×リングの直径が2種類）で，1日で各テスト図形を8回出題した。テストAを計6日実施したら，次にテストBを実施した。テストBでは，リングの直径が標的円の1.5倍および3.0倍の図形をテスト問題として出題した。同様に，テストBも計6日実施した。テスト問題ではどのような大きさ報告をしても正解とした点，テスト実施日の後に訓練問題のみを出題する日を最低1日設けた点についても，これまでの実験と同じであった。

2）実験結果と考察

どのハトも，訓練問題で高い正答率を示した（テストA: 89〜91％，テストB: 90〜94％）。このことは，テスト実施日においてもハトが標的円の大きさに応じた「大・小」の報告をきちんとおこなっていたこ

とを意味している。

　図3-11（テストA），図3-12（テストB）にテストの結果を示した。各図の左下のグラフが4羽の平均，他のグラフはハトごとの結果である。標的円の直径（横軸）に対して，「大きい」と報告した割合（縦軸）を表している。シンボルのない直線グラフ（──）が訓練問題（リングの直径が標的円の2倍），三角形シンボルのついたグラフ（-▲-）が小さいリングの図形，正方形シンボルのついたグラフ（··■··）が大きいリングの図形に対する結果である。どのハトにおいても，小さいリングに囲まれた標的円よりも大きいリングに囲まれた標的円に対して「大きい」と報告する割合が高くなっている。

　このことを客観的な指標を用いて検討するために，これまでの実験と同様の統計的な分析をおこなった。条件間で周囲円直径の差が大きく，錯視の効果も大きいと予想されるテストBの結果（図3-12）に対して統計解析[2]）をおこなったところ，表3-2のようになった。「標的円直径に対する周囲円直径の比率」の主効果のp値が0.05未満であったことは，小さいリングに囲まれた標的円よりも大きいリングに囲まれた標的円に対して「大きい」と報告する割合が高くなっていることが統計的に示されたことを意味する。個体ごとにも同様の統計解析をおこなったところ，全個体で同様の結果となった。

　以上の結果から，ハトは同心円錯視図形に対して，標的円を取り囲むリングが大きくなっても，標的円に対する過大視が減少しないことが示唆された。なお，同じ図形を使ったテストをヒトでもおこなっている（19名：女性8人，男性11人。20～30歳）。その結果，ヒトでは先行研究で示されてきたように，リングが大きくなるにつれて，標的円

2）　2要因の繰り返しのある分散分析（3［標的円直径に対する周囲円直径の比率：1.5, 2.0, 3.0］×6［標的円直径：30, 36, 42, 48, 54, 60ピクセル］）

◆ 第3章 大きさの錯視

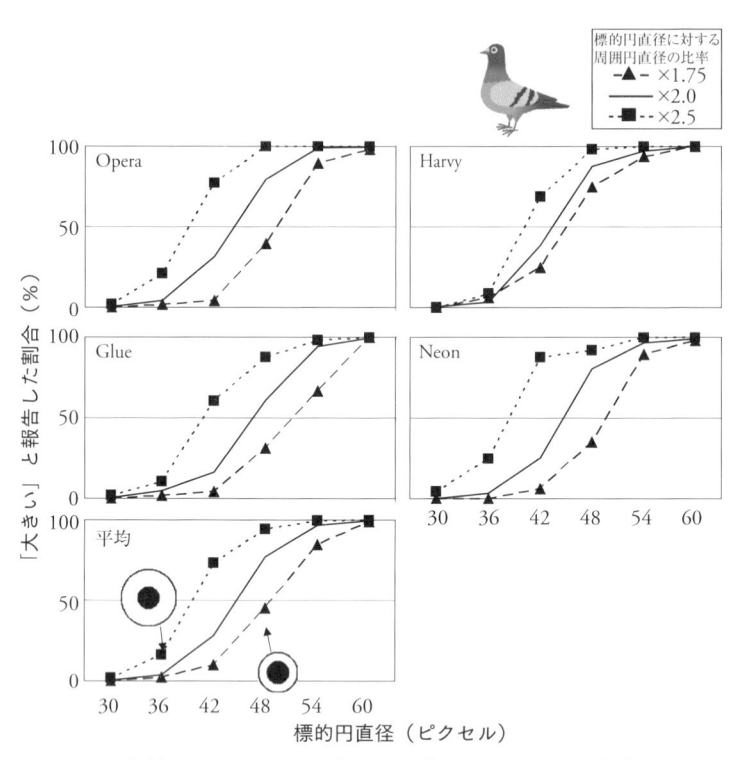

図 3-11 実験6・テストAの結果。一番下のグラフが4個体の平均，他が個体別の結果である。

3-2 ハトにおける同心円錯視

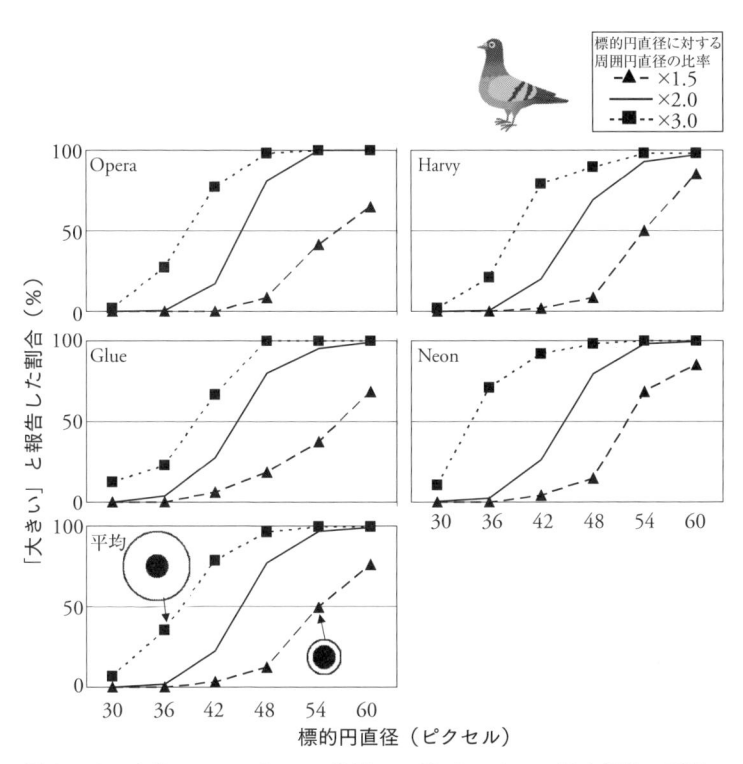

図 3-12 実験 6・テスト B の結果。一番下のグラフが 4 個体の平均，他が個別の結果である。

◆ 第 3 章　大きさの錯視

表 3-2　図 3-12 に対する統計解析結果

	周囲円直径の主効果		標的円直径の主効果		交互作用（周囲円直径×標的円直径）	
	F 値	p 値	F 値	p 値	F 値	p 値
全体	197.01	＊	424.77	＊	22.82	＊
Opera	31.38	＊	142.17	＊	12.29	＊
Harvy	566.57	＊	582.40	＊	31.82	＊
Glue	80.08	＊	192.84	＊	20.85	＊
Neon	87.21	＊	203.96	＊	19.65	＊

＊: $p<0.05$（統計的に意味のある差が確認された）

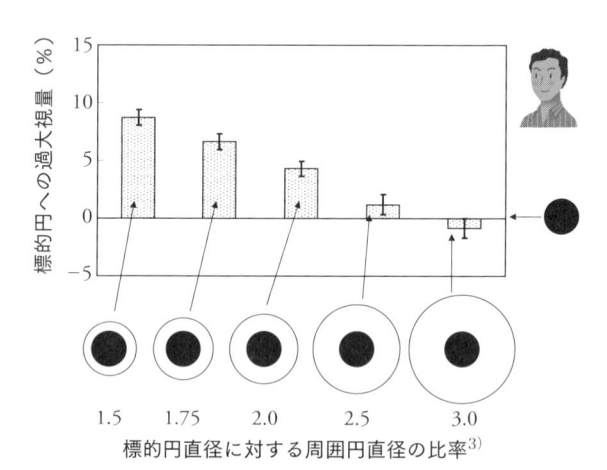

図 3-13　ヒトを対象におこなった実験の結果（19 人の平均値）

---

3) 縦軸は，リングなしとリングありでどのくらい標的円の大きさが違って見えたかを示す（プラスの値が大きいほど，リングありの標的円が大きく見えていたことを意味する）。横軸は，テストで使用した同心円錯視図形の種類を表す。

に対する過大視（リングへの同化）から過小視（リングとの対比）への移行が生じることを確認した（図 3-13）。

■【実験 7】ハトは本当に標的円を手がかりにしていたのか

　実験 6 の結果は興味深いものであるが，ハトは本当に標的円を手がかりにしていたのか？　という疑問は残る。エビングハウス・ティチェナー錯視実験でもさまざまな可能性を検討し，それらを棄却したが，この同心円錯視実験ではそうした検討がより困難であった。なぜなら，エビングハウス・ティチェナー錯視研究では，小さい周囲円，訓練図形の周囲円，大きい周囲円の直径はそれぞれ固定値であった（例えば，実験 4 のテスト C では，32，44，56 ピクセル）のに対して，同心円錯視研究の実験 6 では，リングの直径が標的円の直径に比例して変化していたためである。そのために，実験 6 の結果からは，リングの直径を手がかりにしていた可能性を棄却できなかった。実験 7 では，エビングハウス・ティチェナー錯視研究でも登場した重み付け仮説の検証によって実験 6 のハトの行動を説明できるのかを検討した。

1）実験手続き

　実験 6 に参加したハト 4 羽を対象におこなった。実験手続きは，テストで用いた図形が異なった点を除いて，実験 6 と同じであった。

　標的円の 2 倍の直径のリングをもつ図形で訓練（実験 6 の最終訓練と同じ）をおこなった後，実験 6 ではそのままテストに進んだが，実験 7 では，リングがない図形に対するハトの反応を確認するために，標的円のみを問題として出題する訓練を 1 日実施した（つまり，エビングハウス・ティチェナー錯視研究の実験 5 と同じ手続きを適用した）。1 日（384 問）の正答率が 80％以上になることを確認して，テストに移っ

た。1羽（Neon）は，訓練を適切におこなうことができなかったため，テストをおこなわなかった。

　テスト実施日には384問出題し，そのうちの288問は最終訓練と同じ図形（標的円の2倍の直径のリングをもつ図形）を出題する訓練問題であった。残りの96問はテスト問題で，リングの直径が78（＝45×1.75），90（＝45×2.0），112（＝45×2.5）ピクセル，リングなしの図形を出題した。これらの周囲円直径は，6種類の標的円直径の平均である45［＝(30＋36＋42＋48＋54＋60)/6］ピクセルに対して，実験6のテストAで用いた標的円直径に対するリング直径の比（×1.75，×2.0，×2.5）を掛けあわせた値となっていた。テスト問題では，リングの直径が上述した4種類，標的円が6種類（直径30，36，42，48，54，60ピクセル）の計24種類の図形を4回ずつ出題した。テスト実施日が計10日になるまでおこなった。

2）実験結果と考察

　実験6同様，どのハトも訓練問題で高い正答率を示した（90〜93％）。図3-14の左列のグラフは実験7の結果（一番下のグラフは3羽の平均値），右列のグラフは重み付け仮説が正しいと仮定したときに予測される結果を示している。基本的な考え方は，エビングハウス・ティチェナー錯視研究の重み付け仮説と同じであるが，実験条件の違いがあるために，この仮説から予測されるモデルグラフを導くための計算方法は，エビングハウス・ティチェナー錯視研究の場合とは少し異なる。

　図3-14の右列のグラフは，以下の計算式から算出された値によって描かれたものである。

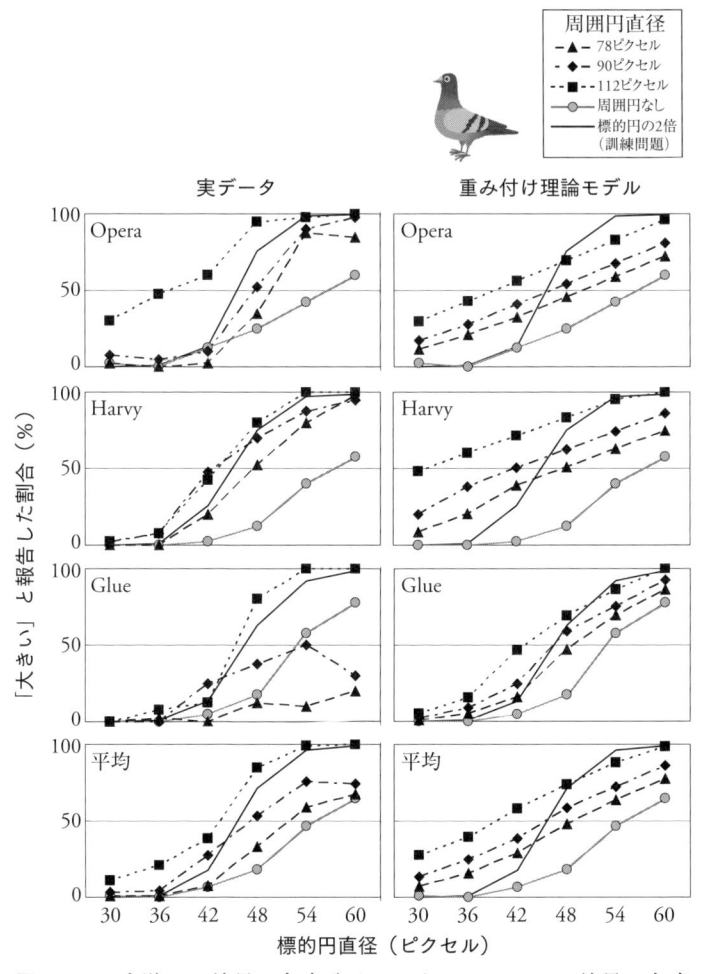

図 3-14 実験 7 の結果。左半分はテストセッションの結果。右半分は重み付け仮説（詳細は本文を参照）が正しいと仮定したときに予測される「大きい」と報告した率のモデルを示す。最下段が 3 個体の平均，他が個体別のグラフである。

「大きい」と報告する割合（予測値）= Choice [D_0]
ただし，$D_0 = \alpha \times Dt + (1 - \alpha) \times Di$　　—①

とし，各記号は以下のことを意味する。

α：標的円領域に対する相対的な重み付け（$0 \leq \alpha \leq 1$）
$1 - \alpha$：周囲円領域に対する相対的な重み付け
Dt：標的円の実際の直径（30，36，42，48，54，60 ピクセルのいずれか）
Di：周囲円（リング）の実際の直径

「大きい」と報告した割合が 25，50，75％のときの α 値をそれぞれ $\alpha_{Large25\%}$，$\alpha_{Large50\%}$，$\alpha_{Large75\%}$ とし，

$$\alpha = (\alpha_{Large25\%} + \alpha_{Large50\%} + \alpha_{Large75\%})/3 \quad —②$$

と定義した。$\alpha_{Large25\%}$，$\alpha_{Large50\%}$，$\alpha_{Large75\%}$ の各値は，訓練図形（リング直径が標的円の2倍である図形）とリングなしの標的円に対する主観的等価点（PSE値）から算出した。

Opera というハトにおける $\alpha_{Large50\%}$ を算出する方法を例に挙げる。初めに，訓練図形に対して「大きい」と報告した率が50％となるときの標的円直径 Dt を実際のテストの結果から求めると，Dt = 45.5 ピクセルとなる。訓練図形ではリング直径が標的円の2倍，つまり Di = 2Dt であるため，これらを①式に代入して，

$$D_0 = \alpha_{Large50\%} \times 45.5 + (1 - \alpha_{Large50\%}) \times 2 \times 45.5 \quad —③$$

次に，リングなしの標的円に対して「大きい」と報告した率が50％となるときの標的円直径 Dt を求めると，Dt = 56.6 ピクセルとな

る。この図形の場合は，標的円のみが大きさ報告の手がかりとなる，つまり重み付け係数 $\alpha_{Large50\%}$ は 1 であるため，これらを①式に代入して，

$$D_0 = 1 \times 56.6 \quad \text{―④}$$

今は，訓練図形・リングなし図形ともに，「大きい」と報告する割合（予測値）＝ Choice $[D_0]$ ＝ 50 となる場合を想定しているため，③と④式の左辺 D_0 は等しくなる。よって

$$D_0 = \alpha_{Large50\%} \times 45.5 + (1 - \alpha_{Large50\%}) \times 2 \times 45.5 = 1 \times 56.6$$
$$\Leftrightarrow \alpha_{Large50\%} = 0.76 \quad \text{となる。}$$

同様に，$\alpha_{Large25\%}$ と $\alpha_{Large75\%}$ を計算する。Opera の場合，$\alpha_{25\%} = 0.89$ と $\alpha_{75\%} = 0.64$ となる。これらの値を②式に代入すると，$\alpha = 0.76$ となる。

以上のようにして算出した α を①式に代入すると D_0 が決定する。例えば，Opera において，リング直径＝90 ピクセル，標的円直径＝48 ピクセルの図形ならば，$D_0 = 0.76 \times 48 + 0.24 \times 90 = 58.0$ となる。つまり，この図形に対して「大きい」と報告する率は，直径 58.0 ピクセルのリングなしの標的円に対して「大きい」と報告する率（テストの結果から計算すると 54％となる）に等しいことを意味する。これと同じことを，全ての個体・全ての同心円図形に対しておこなった結果が，図 3-14 右列にあるモデルグラフとなる。

モデルグラフでは，リングの直径が 78，90，112 ピクセルとなる各図形のグラフはほとんど平行となっている。しかし，どのハトの結果においても，実際の結果を示した左列のグラフはそのようにはなっていないようである。よって，重み付け仮説から本実験の結果を説明

することは難しいと思われる。

■大きさの錯視でも，同化から対比への移行は生じない？

　実験6，7の結果から，ハトでは大きさの次元についても同化から対比への移行は確認されなかった。これと同様のことが長さの次元でも生じることは実験3（ミュラー・リヤー順錯視）で述べた通りである。ハトでは対比による錯視が生じないという仮説は，ある特定の錯視にのみ当てはまるものではではなく，少なくとも長さ・大きさという複数の次元に適用可能なもののようである。

3-3　ニワトリにおける大きさの錯視

　実験1～7から，ハトがヒトとは違う錯視を体験していることが明らかとなった。特に，大きさの錯視のひとつであるエビングハウス・ティチェナー錯視では，ヒトでは対比現象が生じるのに対し，ハトでは同化現象が生じるという真逆の結果となり，ハトとヒトにおける視覚情報処理の違いがこれらの結果に関係していると考えられた。

　ところでこの視覚情報処理における種差は，ハトとヒトのどのような違いによって生じたのだろうか。ひとつの可能性として，両種における生活様式（移動様式）の違いが挙げられる。第1章でも述べたように，地上を歩いて移動する動物と飛行によって移動する動物では，環境から引き出すべき情報は互いに大きく異なるはずで，見ている世界も大きく違うと考えられる。

　本節では，ハトとは異なる生活様式をもつ鳥類であるニワトリにおいて大きさの錯視がどのように生じているのかを調べ，ハトやヒトの

結果と比較した。もし，ハトとニワトリが同じ傾向を示せば，ハトとヒトにおける種差を生んだ要因をヒトと鳥類の違いに求めることができる。逆にハトとニワトリで違う結果なら，生活様式の違いが種差を生んだ可能性が高いと言える。

■【実験8】ニワトリでエビングハウス・ティチェナー錯視は生じているのか

ニワトリ (*Gallus gallus domesticus*[4]) 3 羽 (Axel, Bizen は 6ヶ月齢オス，Chris は 6ヶ月齢メス。年齢は実験開始時。口絵 3) を対象に実験をおこなった。実験装置は，ハト用に用いたものと基本的に同じであった。ただし，ニワトリのほうがハトに比べて体サイズがやや大きいため，スキナー箱はハトに用いたものに比べて一回り大きくした (約 45 cm 立方)。その他，実験に用いた図形，訓練やテストの手続きは，ハトに適用したものと同じであった。

どのニワトリも，訓練問題では高い正答率を示した (テスト A: 75～82％，テスト B: 77～83％，テスト C: 78～84％)。このことは，テスト実施日においても標的円の大きさに応じた「大・小」の報告がきちんとおこなわれていた，つまり，ニワトリもハトと同様，でたらめに大きさの報告をしていたわけではなかったことを意味している。

図 3-15 (テスト A)，3-16 (テスト B)，3-17 (テスト C) にテストの結果を掲載した。ニワトリはハトと同様の傾向 (ヒトとは逆の傾向) を示した。つまり，小さい周囲円図形の標的円よりも大きい周囲円図形の標的円に対して「大きい」と報告する割合が高くなった。

このことを客観的な指標を用いて検討するために，先に紹介したハ

---

[4] 学名として *Gallus domesticus* を推奨する立場もある (岡本, 2001) が，本書では一般的に用いられているものを記載した。

◆ 第3章 大きさの錯視

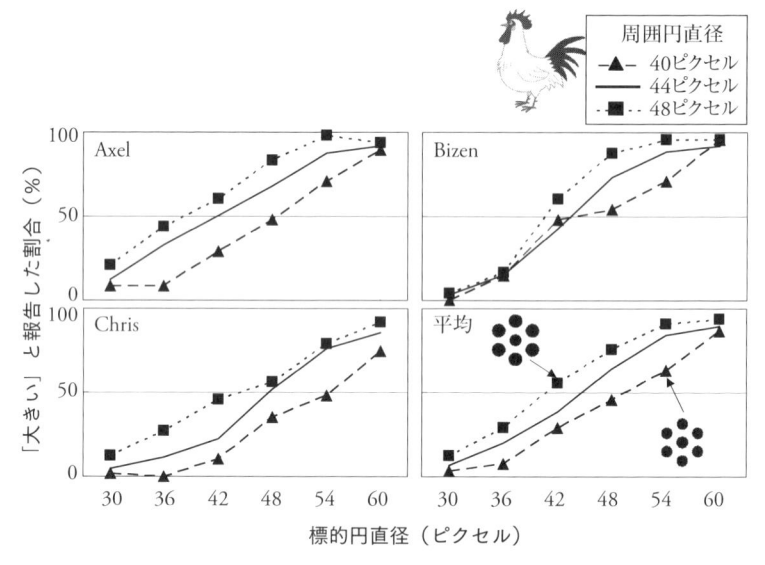

図3-15 実験8・テストAの結果

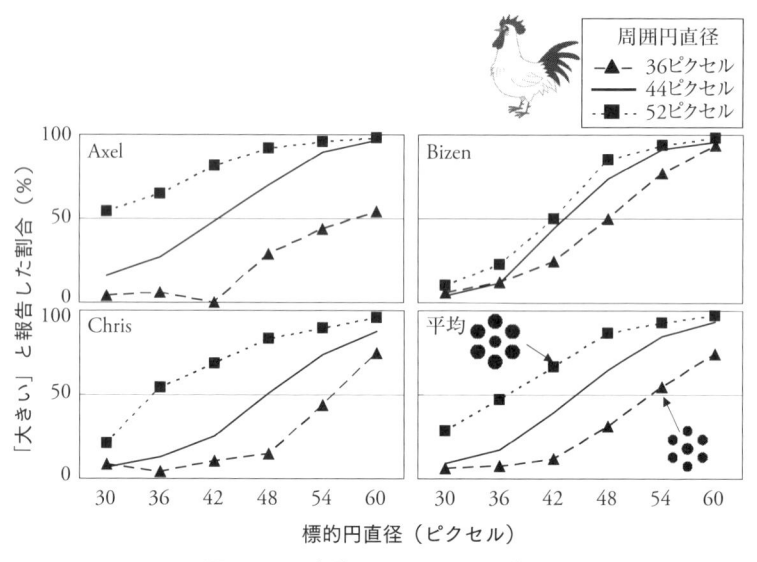

図3-16 実験8・テストBの結果

3-3 ニワトリにおける大きさの錯視

図 3-17　実験 8・テスト C の結果

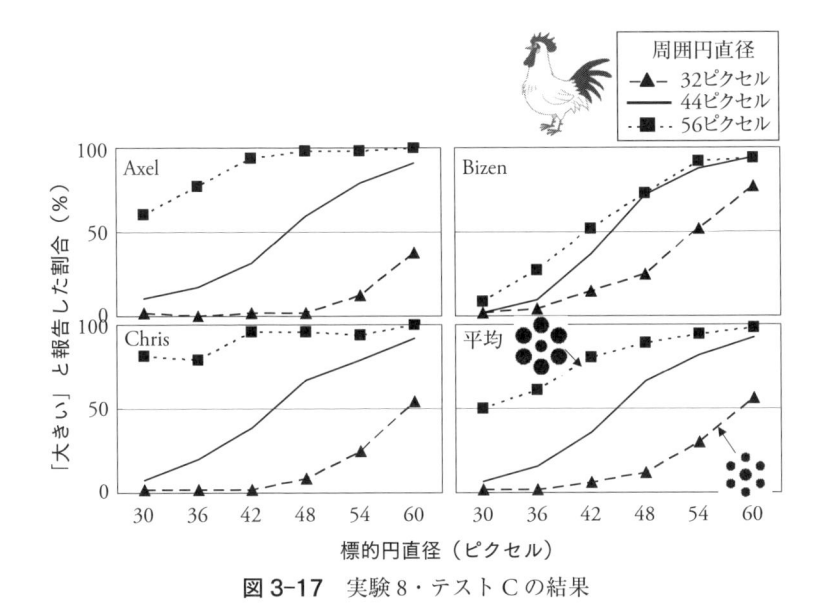

表 3-3　図 3-17 に対する統計解析結果

	周囲円直径の主効果		標的円直径の主効果		交互作用（周囲円直径×標的円直径）	
	F 値	p 値	F 値	p 値	F 値	p 値
全体	13.56	∗	24.09	∗	10.05	∗
Axel	270.72	∗	65.50	∗	8.54	∗
Bizen	112.70	∗	104.67	∗	4.00	∗
Chris	287.11	∗	96.39	∗	14.27	∗

∗: $p < 0.05$（統計的に意味のある差が確認された）

115

◆ 第3章 大きさの錯視

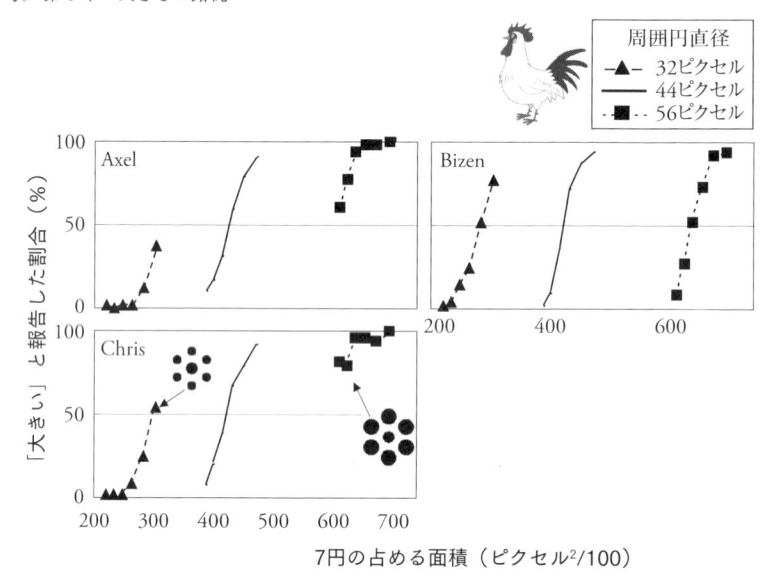

図 3-18 図3-17を，標的円と6つの周囲円の合計面積を横軸にとってプロットし直したグラフ

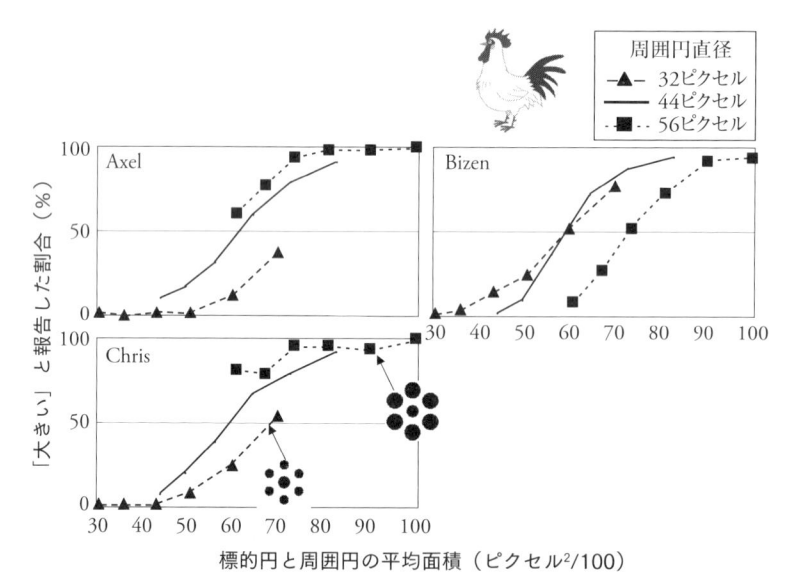

図 3-19 図3-17を，標的円と周囲円の平均面積を横軸にとってプロットし直したグラフ

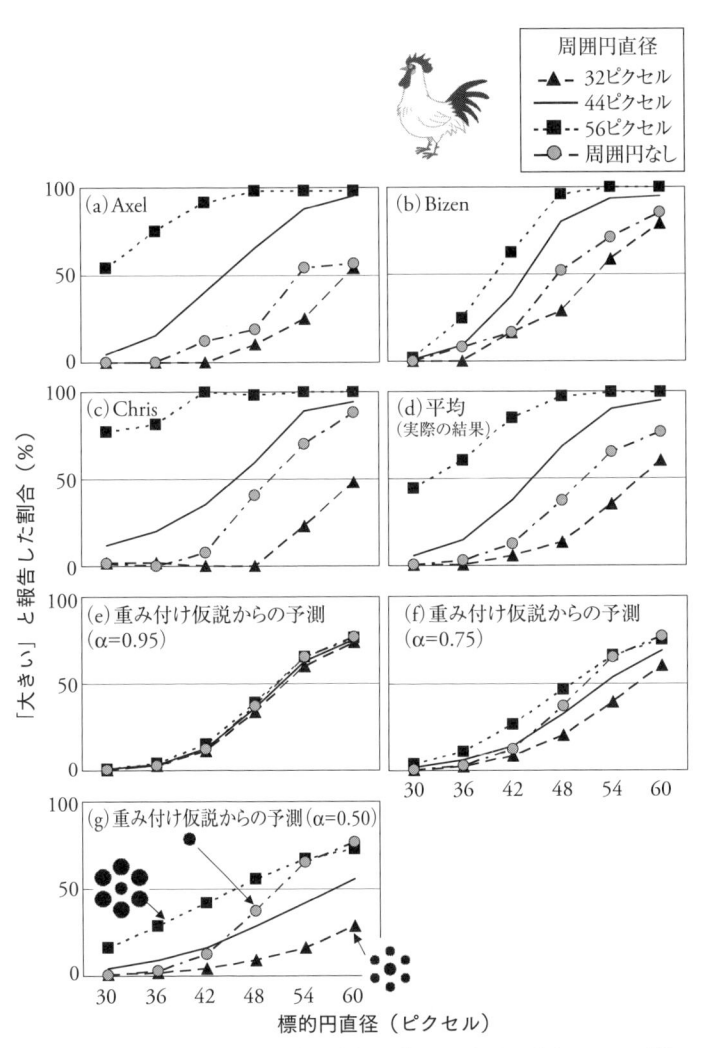

図 3-20　実験 8 の結果。(a)〜(c) 個体別の結果。(d) 3 羽の平均。(e)〜(g) 重み付け仮説が正しいと仮定したときに予測される反応のモデル。

トの実験（実験4）と同様の統計解析をおこなった。条件間で周囲円直径の差が一番大きく，錯視の効果が最も大きいと予想されるテストCの結果（図3-17）に対して統計解析[5]をおこなったところ，表3-3のようになった。「周囲円直径の主効果」の p 値が0.05未満であったことから，小さい円より大きい円に囲まれた標的円に対して「大きい」と報告する割合が高かったことが統計的に示された。個体ごとにも同様の統計解析をおこなったところ，全個体で同様の結果となった。

　なお，標的円の大きさ以外の手がかり（周囲円の大きさ，標的円と周囲円の間の距離，標的円と6つの周囲円の合計面積（図3-18），標的円と1つの周囲円の平均面積（図3-19））に基づいて反応していた可能性は，ハトを対象におこなった実験同様の分析によって棄却された。重み付け仮説の可能性についても，ハトを対象におこなった実験同様のやり方で検討した[6]。実際の結果（図3-20(a)～(d)）と重み付け仮説から予測される結果（図3-20(e)～(g)）とを比べると，どの個体も，重み付け仮説から予測される結果とは明らかに違うものとなっている。

　以上の分析結果から，ニワトリがエビングハウス・ティチェナー錯視図に対して，ハトと同方向（ヒトとは逆方向）の錯視が生じていることが明らかとなった。

■【実験9】ニワトリで同心円錯視は生じているのか
　エビングハウス・ティチェナー錯視実験に参加した，ニワトリ3羽

---

[5] 2要因の繰り返しのある分散分析（3［周囲円直径：小，訓練（中），大］×6［標的円直径：30, 36, 42, 48, 54, 60ピクセル］）をおこなった。

[6] 1羽（Chris）については，ハトのOperaと同様，「小さい」という報告しかしなくなる反応バイアスが現れてしまい，正確な「大きい」報告率を計算することが不可能となってしまったため，Operaという名前のハトに対して適用した手続き（周囲円なしの標的円のみ図形も訓練問題として出題するテスト）を実施した。

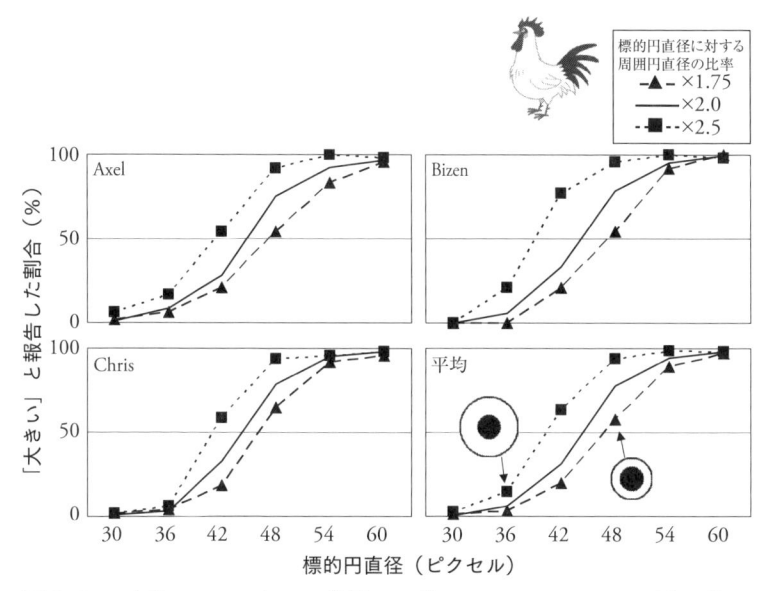

3-3 ニワトリにおける大きさの錯視

図 3-21 実験 9・テスト A の結果。一番下のグラフが 3 羽の平均，他が個体別の結果。

を対象に実験をおこなった。実験に用いた図形，訓練やテストの手続きは，ハトに適用したものと同じであった。

どのニワトリも，訓練問題では高い正答率を示し（テスト A: 88〜89％，テスト B: 87〜91％），この実験においてもでたらめに大きさの報告をしていたわけではないことが分かった。

図 3-21（テスト A），3-22（テスト B）にテストの結果を示す。同心円錯視実験についても，ニワトリはハトと同様の傾向を示した（ハトの結果は図 3-11, 3-12）。つまり，小さいリングに囲まれた標的円よりも大きいリングに囲まれた標的円に対して「大きい」と報告する割合が高くなっている。

◆ 第3章 大きさの錯視

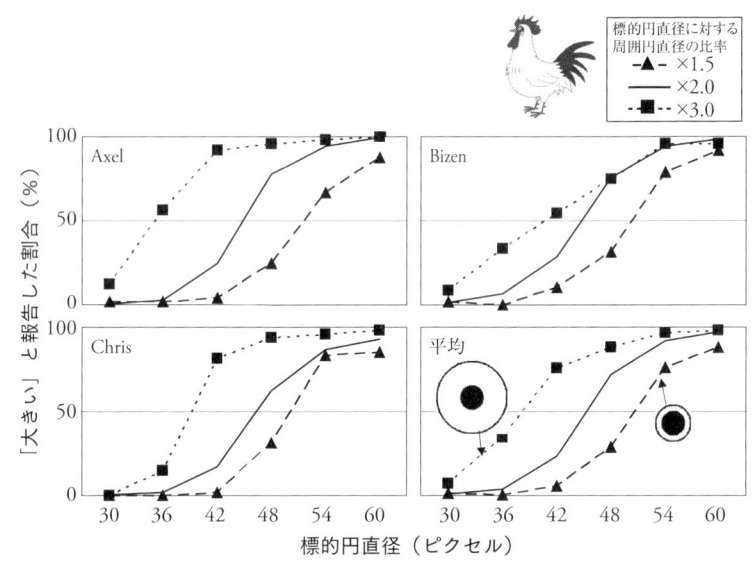

図 3-22 実験9・テストBの結果。一番下のグラフが3羽の平均，他が個体別の結果。

表 3-4　図 3-22 に対する統計解析結果

	周囲円直径の主効果		標的線分の長さの主効果		交互作用（矢印の向き×標的線分の長さ）	
	F値	p値	F値	p値	F値	p値
全体	25.91	∗	389.74	∗	11.73	∗
Axel	113.58	∗	305.25	∗	25.95	∗
Bizen	7.47	∗	130.62	∗	4.82	∗
Chris	82.87	∗	327.60	∗	20.79	∗

∗: $p<0.05$（統計的に意味のある差が確認された）

3-3 ニワトリにおける大きさの錯視

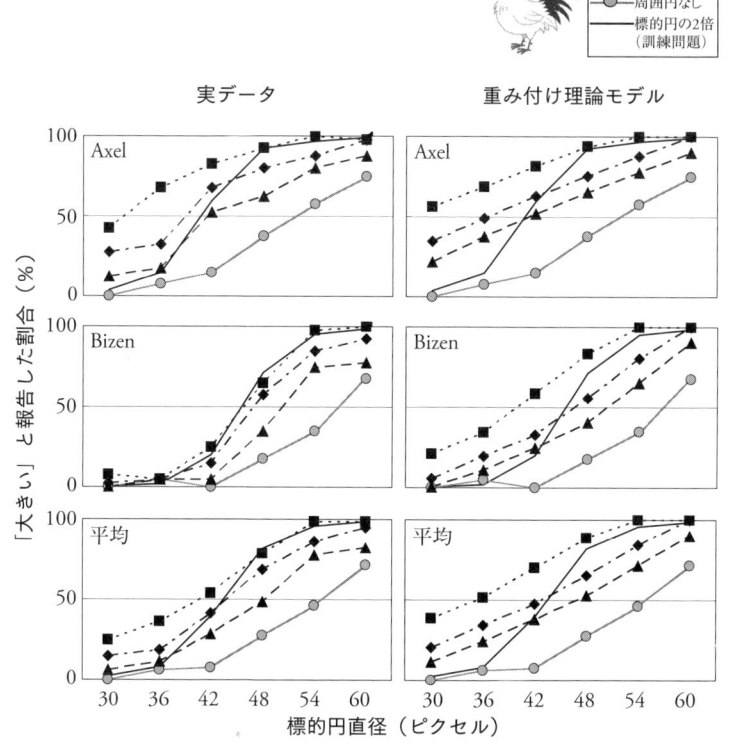

凡例:
周囲円直径
- 78ピクセル（▲）
- 90ピクセル（◆）
- 112ピクセル（■）
- 周囲円なし（○）
- 標的円の2倍（訓練問題）

図 3-23 実験9の結果。左半分は実際の結果，右半分は重み付け仮説が正しいと仮定したときに予測される結果を示す。最下段が2個体の平均，他が個体別のグラフである。

◆ 第3章　大きさの錯視

　このことを客観的な指標を用いて検討するために，ハトを対象にした実験と同様の統計解析をおこなった。条件間で周囲円直径の差が大きく，錯視の効果も大きいと予想されるテストBの結果（図3-22）に対して統計解析[7]）をおこなったところ，表3-4のようになった。「周囲円直径の主効果」のp値が0.05未満であったことから，小さいリングに囲まれた標的円よりも大きいリングに囲まれた標的円に対して「大きい」と報告する割合が高くなっていることが統計的に示された。個体ごとにも同様の統計解析をおこなったところ，全個体で同様の結果となった。

　重み付け仮説の可能性[8]）についても，ハトを対象におこなった実験と同様のやり方で検討した。実際の結果（図3-23左）と重み付け仮説から予測される結果（図3-23右）とを比べると，いずれのニワトリの結果についても，2つのグラフの形状が明らかに異なると断言することは難しいかもしれない。この実験に関しては，ニワトリが標的円の大きさ以外（リングとの重み付け）を手がかりにしていた可能性があるかもしれない。実験条件を変えたテストなどによって，さらに検討していく必要があるように思われる。

3-4　大きさの錯視に関する鳥類とヒトの種差

　本章では，大きさの錯視の生じ方に関してハト，ニワトリ，ヒトの

---

7) 2要因の繰り返しのある分散分析（3［標的円直径に対する周囲円直径の比率：1.5, 2.0, 3.0］×6［標的円直径：30, 36, 42, 48, 54, 60ピクセル］)
8) 1羽（Chris）は，訓練を適切におこなうことができなかったため，テストはおこなわなかった。

3-4 大きさの錯視に関する鳥類とヒトの種差

間でどのような類似点や相違点があるのかを明らかにするために，エビングハウス・ティチェナー錯視図と同心円錯視図の2種類を用いたテストを実施した。実験6，7の結果から，ハトとヒトでは大きさの対比によって生じる錯視に関して，大きな違いがあることが分かった。そして実験8，9の結果から，ハトと同じ鳥類だが異なる生活様式をもつニワトリが，これらの錯視図に関してハトと類似した知覚的なズレを経験していることも分かった。この結果から，ハトとヒトにおける錯視の種差が，ヒトと鳥類との違いによるものであることが示唆された。ハトとヒトにおける錯視の違いは，両種の視覚情報処理の違い（全体志向的か局所志向的か）によって説明された。

　ところが，ここで1つの疑問が生じる。この議論の流れから「ハトとニワトリは局所志向的な情報処理傾向にあり，全体志向的なヒトとは錯視の生じ方が異なる」といった結論を導くことができそうであるが，果たして本当にそうなのかということである。ハトに関しては，ヒトでアモーダル補間が生じる図形（図1-8(a)）やNavon型の階層図形（図1-7）を用いた研究などから，局所志向的な情報処理傾向が強いことを示す数々の証拠が発表されてきた（第1章を参照）。一方で，ニワトリではそれとは逆の報告がいくつかある。例えばヒヨコを対象におこなった研究では，ヒヨコがアモーダル補間する可能性が示唆されている（Leaら, 1996; Regolin & Vallortigara, 1995; Regolin, Marconato, & Vallortigara, 2004）。

　ひとつの可能性として，「大きさの錯視に関係する全体志向的/局所志向的な情報処理と，アモーダル補間するか否かに関係する全体志向的/局所志向的な情報処理は異なる」ということが挙げられる。一口に局所志向的と言っても，例えばハトとヒヒではエビングハウス・ティチェナー錯視図形の見方が異なったように，そのメカニズムには

さまざまな種類があるのかもしれない。

　別の可能性としては，「ヒヨコのアモーダル補間に関する実験環境がかなり特殊であったために肯定的な結果が出たが，他の動物に適用してきたような実験環境では，ニワトリでもアモーダル補間に否定的な結果が出るかもしれない」ということが考えられる。ヒヨコの研究は刷り込み（またはインプリンティング。生まれた直後に目にした対象を親だと認識する現象）を利用したもので，実験によっては何十羽もテストして，そのうちの5割強～6割程度がアモーダル補間するという仮説に一致した行動をとった（残りの4割はアモーダル補間しないという仮説に一致した行動をとった）という結果から，「ヒヨコ（ニワトリ）はアモーダル補間する」と結論づけている。確かに，統計解析的にはこのロジックは間違ったものではない。しかし，同一種内ではそれほど大きな違いは生じないと考えられる「ものを見る」といった現象を，多数派がそれほど多数とはいえないような多数決の結果をもって，その種全体に当てはまるものであると結論することに対して，個人的には違和感を覚えなくもない。もちろん，ヒヨコの研究から得られた知見は重要なものには違いないのだが，1つの事象をさまざまな角度（実験手続き）から検討することも必要であろう。

　次章では，大きさの錯視で確認されたヒトと鳥類の種差が視覚情報処理の違いによるものなのか，別の要因によるものであるのかを明らかにするために，ニワトリは本当にアモーダル補間をするのかを再検討した実験を紹介する。

コラム②
訓練にかかる期間はどれくらいか？

　動物の研究に携わったことがない研究者や学生からよく出る質問として，「実験期間はどのくらいかかるのか」というものがある。実験の内容や対象とする動物によっても違いはあるが，例えば第3章で紹介した実験1では，最初の訓練から3つのテストを終えるまでに早いハトで約4ヶ月，遅いハトで約8ヶ月かかった。ハトによっても個体差があることが分かる。セルフスタートアイコンをつつくことができるようになったハトが6種類の円の大きさを報告する最初の訓練段階を終了するまでにかかる期間にも差があり，最も早いハトで16日，最も遅いハトでは39日かかった。ヒトでも得意なことや苦手なことはあるが，それは他の動物にも当てはまるものであることが分かる。しかし，遅かれ早かれ大抵の個体は最終的にテストを完了し，貴重なデータを提供してくれるものである。幼少期からやることが遅いと言われ続けてきた筆者にとって，他の者より時間がかかっても最後まで頑張って実験に参加してくれたハトに対しては，より強い愛着を感じてしまうものである。

第 4 章

「遮蔽」された輪郭の錯視

ニワトリにおけるアモーダル補間の検討

4-1 ニワトリにおけるアモーダル補間の検討

　本章では，これまでにヒヨコを対象におこなわれてきた実験手続き（刷り込み）とは異なる方法によって，ニワトリのアモーダル補間能力について検討する。ハトやヒトを含む霊長類との直接的な比較をおこなうため，これらの動物のアモーダル補間能力を検討した Fujita and Ushitani (2005) と Fujita (2001b) と同じ手続きを用いて，ニワトリをテストした。いずれの実験も，第3章の実験に参加したニワトリ3羽（実験11Bは2羽）が参加した。

■【実験10】ニワトリは「隠れた」部分を補って見ているのか
　本実験でニワトリがおこなった課題は，菱形（妨害図形；図 4-1(a) 左）のなかからその一部分が欠けた図形（標的図形；図 4-1(a) 右）を探すことであった。「ウォーリーをさがせ！」課題といえばイメージしやすいだろうか。例えば図 4-1(b) の場合，右下に標的図形があるのでこれに反応すれば正解となる。図 4-1(c) の場合は，左上に標的図形がある。両方ともそれほど難しくはないと思う。それでは，図 4-1(d) の場合はどうだろうか。正解は右上であるが，これは先の2つに比べると少しだけ難しく，どれが標的図形か一瞬迷った読者もいたのではないだろうか。
　なぜ，3つ目の問題は難しいのか。1・2問目では，標的図形の欠けた部分は物理的に存在しないもの，つまり欠損部分として認識される。しかし3問目では，標的図形の欠けた部分に白色正方形がピッタリと接しているために，ヒトの場合は自動的にアモーダル補間が生じてしまう。つまり，標的図形の欠けた部分は欠損部分とは認識されず，白色正方形の背後に「隠れている」部分として認識される。その

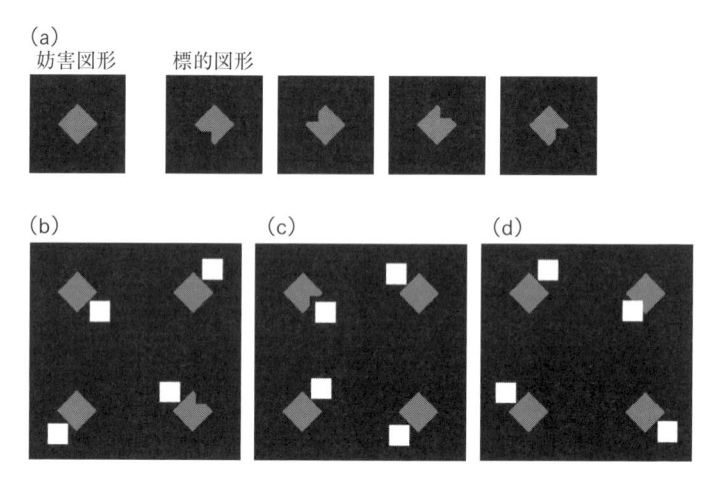

図 4-1 (a) 実験 10 で用いた図形の例
(b)〜(d) 妨害図形のなかから標的図形を探す課題の例

結果，標的図形が欠損のない普通の菱形（つまり妨害図形）のように見えてしまい，実際の妨害図形との区別がつきにくくなってしまったわけである（図 4-2）。もし，ニワトリもヒトと同じようにアモーダル補間するならば，3 問目（図 4-1(d)）のような問題が出題されたときの成績（正答率もしくは正解の図形に反応するまでの時間）は，他の問題に比べて悪くなるだろう。逆に，ニワトリがヒトと違ってアモーダル補間をしないのであれば，標的図形の欠けた部分に白色正方形がピッタリと接していてもいなくても，いつでも欠損部分は存在しないものとして認識されるため，3 問目（図 4-1(d)）の問題だけが他の問題よりも成績が悪化するということはないだろう（図 4-2）。

1）実験手続き

実験装置は，大きさの錯視実験で用いたものと全く同じであった。実験に用いた図形は図 4-1(a) に示したようなもので，黒色背景上に

4-1 ニワトリにおけるアモーダル補間の検討

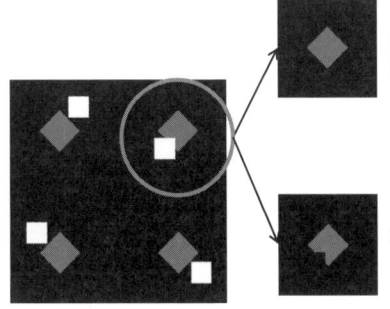

ヒトの場合，自動的にアモーダル補間が生じてしまい，標的図形と妨害図形の区別がつきにくくなる。

アモーダル補間が生じない動物の場合，標的図形は欠損のある図形と認識されるため，妨害図形との区別は容易である。

図 4-2　実験 10 の結果の予測

呈示した．妨害図形は，幅 40×高さ 40 ピクセル（11.9×11.9 mm）の赤色[1]の菱形であった．標的図形は，妨害図形のいずれか 1 辺が幅 10×高さ 10 ピクセル（3.0×3.0 mm）の正方形の角でくりぬかれたもので，90 度ずつ回転させたものが 4 種類あった．

問題の流れは図 4-3 に示した通りであった．3 秒間真っ暗な画面が現れた後で，画面中央に 50×50 ピクセル（14.9×14.9 mm）の黄緑色の正方形が現れた．ニワトリがこれを 2 回つつくと，黄緑の正方形は消え，1～3 秒後に標的図形，妨害図形，白色正方形が現れた．標的図形を 1 回つつくと正解，妨害図形をつつくと不正解であった．

最初の訓練段階では，黄緑色の正方形をつついた後に，標的図形のみを画面に呈示した（図 4-4(a) 訓練段階 1）．次の訓練段階では，標的図形と同時に 3 つの妨害図形を呈示した（図 4-4(b) 訓練段階 2）．最終訓練では，標的図形と 3 つの妨害図形の近傍（左上，左下，右下，右上のいずれか）に白色正方形を呈示した（図 4-4(c) 最終訓練段階，図 4-5 訓練問題）．ただし，標的の欠けた部分からは十分に離れた位置[2]に白

---

1) 図では灰色となっているが，実際に使用したものは赤色であった．
2) 垂直・水平それぞれの方向に 6 ピクセル（1.8 mm）

◆◆ 第4章 「遮蔽」された輪郭の錯視

各問題開始前の3秒間は，モニタ画面上には何も現れない。

3秒経過後，黄緑色の正方形が現れる。

ニワトリが黄緑色の正方形を2回つつくと，モニタ画面上には何も現れない状態が1〜3秒間続く。

標的図形，妨害図形，白色正方形が現れる。標的図形か妨害図形のいずれかを1回つつくと，画面上の全ての図形は消える。

標的図形をつつくと正解。食物呈示装置作動や光による正解の合図がおこなわれる。

妨害図形をつつくと不正解。正解の合図等はおこなわれない。

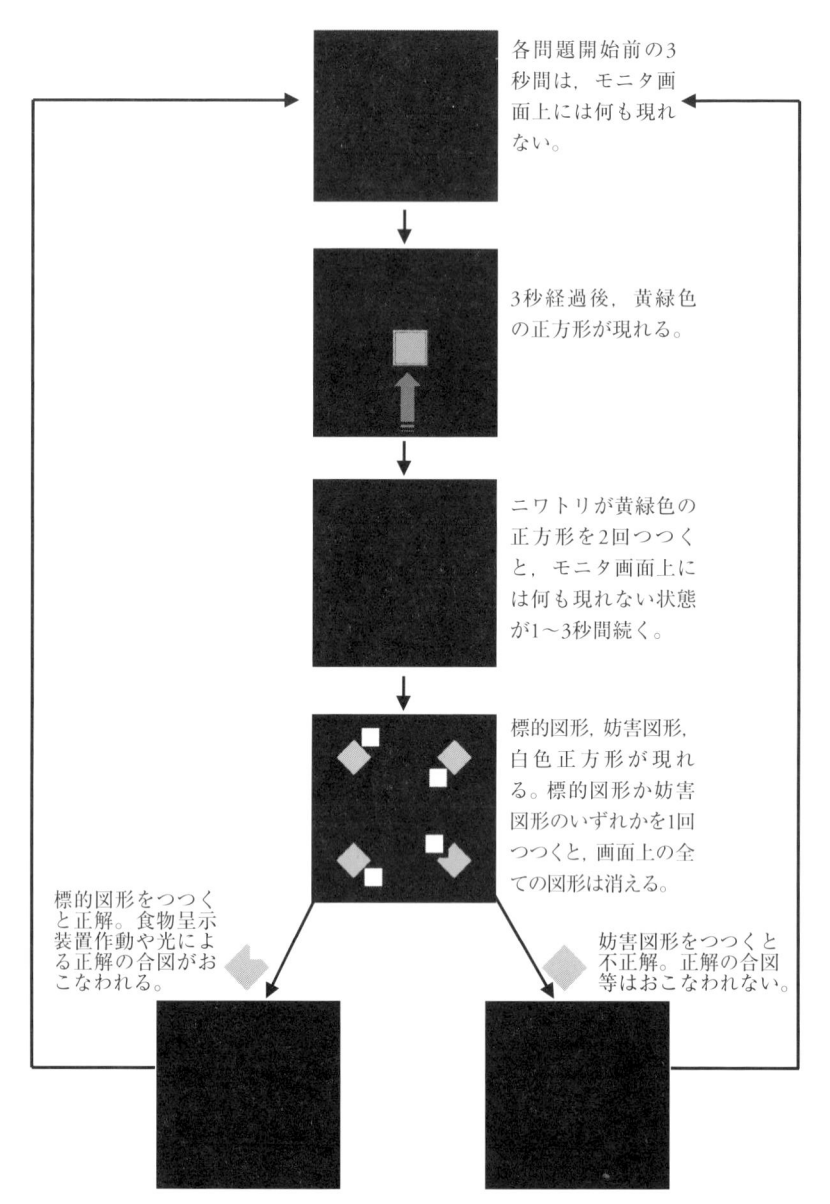

図4-3　実験10の問題の流れ

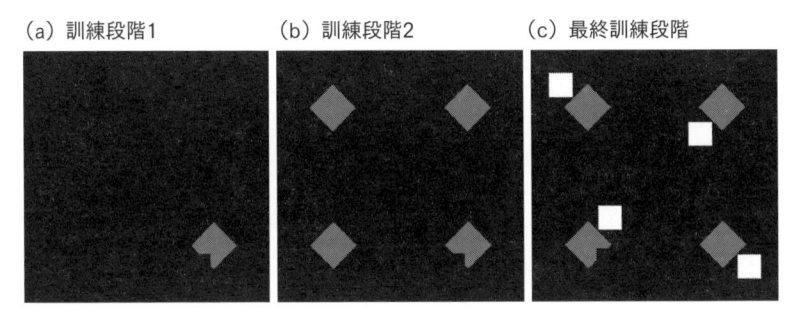

4-1 ニワトリにおけるアモーダル補間の検討

図 4-4 実験 10・訓練段階における問題の例

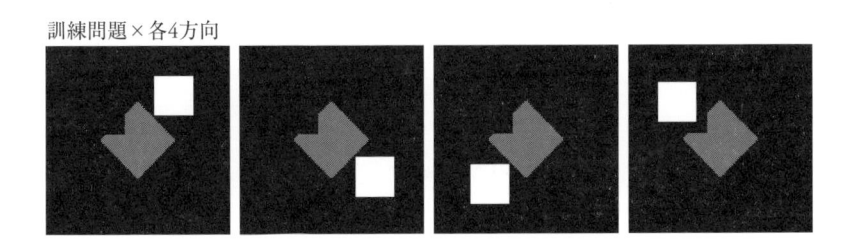

訓練問題×各4方向

テスト問題×各4方向

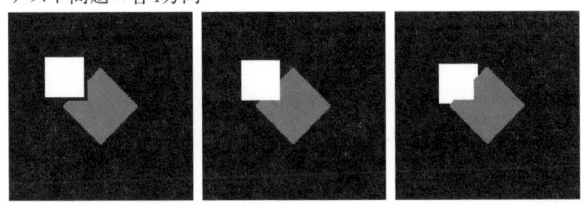

図 4-5 実験 10・訓練問題およびテスト問題で使用した標的図形の例

色正方形を配置した。1日に192問出題し，2日連続で正答率が85％以上となったら，テストに進んだ[3]。

テスト実施日には，最終訓練で出題した問題に加え，テスト問題を出題した。テスト問題では，標的と白色正方形が垂直・水平それぞれの方向に2，0，−2ピクセル（0.6 mm，0 mm，−0.6 mm）離れた図形を呈示した（図4-5 テスト問題）。これら各図形に対し，90度ずつ回転したものを4パターンずつ準備した。なお先行研究の知見から，ニワトリにとって2ピクセルの空白を弁別することは十分可能であったと考えられる（DeMello, Foster, & Temple, 1992）。

標的と白色正方形が0ピクセル離れた図形というのは，標的図形の切り欠け部分と白正方形の角がちょうど接したもの，つまりヒトでアモーダル補間が生じる図形であった（図4-5 テスト問題，真ん中）。標的と白色正方形が−2ピクセル離れた図形というのは，ヒトにとっては白正方形の角が標的図形に「隠されている」ように見える図形であり，標的図形に対してはアモーダル補間が生じない（標的図形は欠けた菱形に見える）図形であった（図4-5 テスト問題，右）。1日に224問（最終訓練問題128問＋テスト問題96問）を出題し，それを6日間おこなった。

2）実験結果と考察

図4-6は，各図形に対する正答率（上）と標的図形が画面に現れてからそれをつつくまでにかかった時間（下）を表している。正答率

---

[3] 1羽のニワトリ（Bizen）は，20日訓練しても基準に達しなかった。最終10日間の平均正答率は82.4％で，この結果を統計解析にかけると，適当に問題を解いていても偶然正解してしまう25％（1/4）を有意に上回っていることが示されたため，テストに進んだ（1サンプルの両側 t 検定：t 値 = 50.93，p 値＜0.05）。

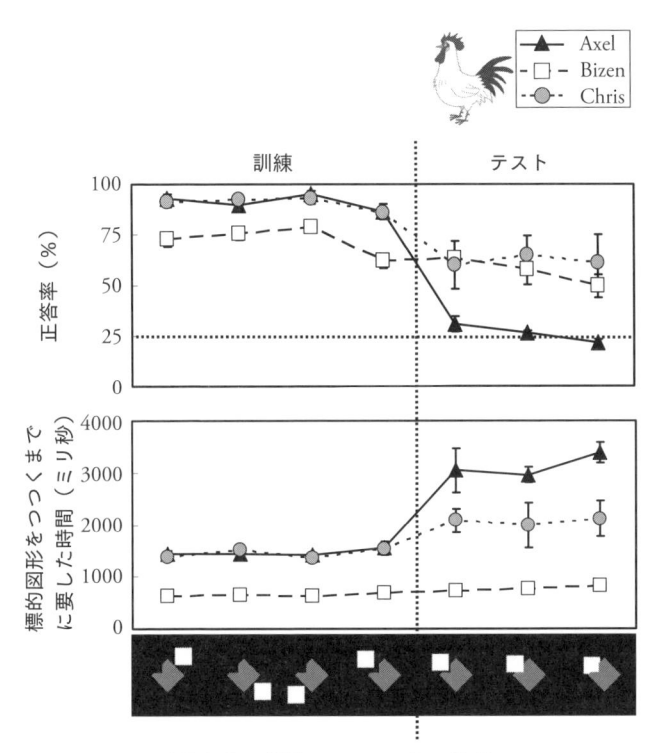

4-1 ニワトリにおけるアモーダル補間の検討

図 4-6 実験 10 のテストの結果
(Nakamura, Watanabe, Betsuyaku, & Fujita, 2010 をもとに作成)

表 4-1 図 4-6 (テスト図形) に対する統計解析結果

	正答率		標的をつつくまでの時間	
	F 値	p 値	F 値	p 値
Bizen	4.39	*	4.26	*
Chris	0.36	n.s.	0.12	n.s.

*: $p<0.05$ (統計的に意味のある差が確認された)
n.s. (統計的に意味のある差を確認できなかった)

◆ 第4章 「遮蔽」された輪郭の錯視

25％に引かれた点線は，この課題を理解せずに取り組んでいても偶然正解してしまうレベル（画面内には1つの標的と3つの妨害図形が出てくるので，適当につついていても4分の1，つまり25％の確率で正解してしまう）を表している。

テスト問題として出題した3種類の図形（右から3列分）に関して，ニワトリごとにその結果を見ていくと，まずAxelについては，正答率が偶然正答するレベルまで落ちてしまったことが分かる。おそらく，彼にとって訓練問題とテスト問題が全く違ったものと認識され，訓練で学習した「欠けた菱形図形をつつく」というルールをテスト問題に適用することができなかったためだと思われる。そのため，このニワトリの結果は分析から除外した。

残りの2羽の結果を見ると，ヒトでアモーダル補間が生じる図形（右から2列目）を他のテスト問題の図形と比べても，正答率の低下や正解するまでの時間の増加は生じていない。もし，ニワトリもヒトと同じようにアモーダル補間するならば，標的と白色正方形が0ピクセル離れた（つまり接している）図形が出題されたときには，他の図形が出題されたときに比べて成績（正答率もしくは正解にかかるまでの時間）が悪くなると予想されるが，実際の結果はそのようにはならなかったというわけである。

これら3種類の図形に対する正答率と反応時間それぞれの結果に対して，個体ごとに統計解析[4]をおこなったところ，1羽（Bizen）で標的－白色正方形間距離の主効果のp値が0.05より小さくなった（表4-1）。つまり，3種類の図形の結果を全体として比べると，統計的に意味のある差があることが確認された。しかし，どの図形ペア間で違

---

4) 繰り返しのある1要因の分散分析

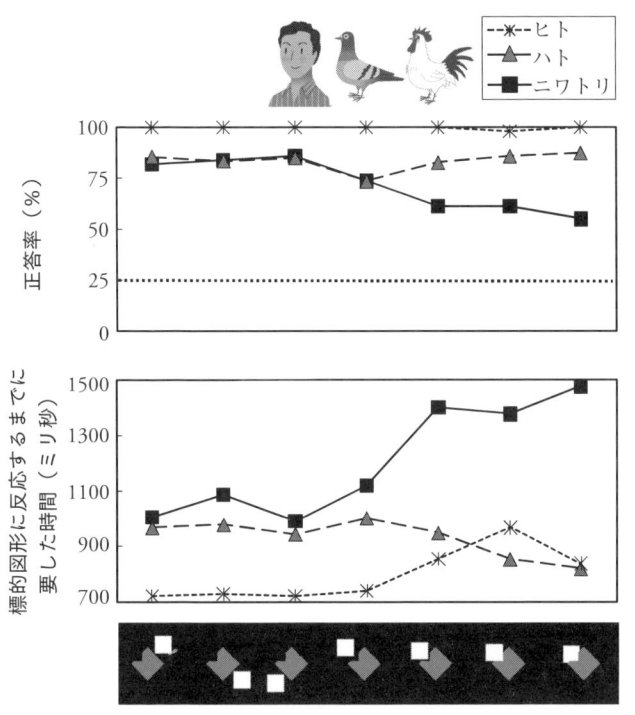

4-1 ニワトリにおけるアモーダル補間の検討

図 4-7 Fujita and Ushitani (2005) と本実験の結果を比較したグラフ

（Nakamura, Watanabe, Betsuyaku, & Fujita, 2010 をもとに作成）

いがあるのかを詳細に調べるための統計解析をおこなった[5]ところ，正答率・反応時間のいずれについても，図形ペア間では統計的に意味のある差は確認されなかった（$p>0.05$）。これらの結果は，ニワトリではアモーダル補間が生じていないことを示唆している。

図 4-7 は，本実験と同様の手続きでハトとヒトをテストした Fujita and Ushitani (2005) の結果と本実験のニワトリの結果を比較したグラ

---

5) 下位検定（ボンフェローニの対応のある t 検定）

フである。テスト問題として出題した3図形の結果に注目すると，ヒトの場合，正答率はほぼ100％（アモーダル補間が生じる図形でわずかに下がっている）であるが，標的図形に反応するまでにかかる時間は，アモーダル補間が生じる図形で長くなっていることが分かる。つまりこの図形に対して，自動的に補間が生じていることが分かる。一方でハトやニワトリの結果は，正答率・反応時間ともにそのような傾向は見られない。少なくともこの実験条件においては，ハトとニワトリではアモーダル補間が生じていないことが明らかとなった。つまり，図1-8(a) を見たとき，ヒトは図1-8(b) のような見方をするが，ハトやニワトリは欠損部分を補わない図1-8(c) のような見方をしているようである。

■【実験11A】ニワトリにとって長方形に接した線分は長く見えるか

　図4-8には，黒色の水平線分と灰色の長方形が並んでいるが，どの線分が長く見えるだろうか。おそらく，長方形と接している図4-8(a) の線分が，他の線分より少しだけ長く見えると思う。しかし実際には，これらの線分は物理的には同じ長さである。なぜこのような錯視が生じるのか。ヒトが図4-8(a) のような図を見ると，線分の一部が灰色長方形の背後に「隠れて」いると認識するため，つまり一種のアモーダル補間が生じるためと説明されている。

　実験10で取り上げたアモーダル補間との大きな違いは，形の知覚を伴うかどうかという点にある。実験10の図形（図4-1(a)）で補間が生じるためには，他の物体に隠れた部分を補ったうえで，さらに隠された物体の形を同定するといった2段階の処理が必要となる。それに対して長方形に接した線分の場合，そうした形の知覚は伴わず，せい

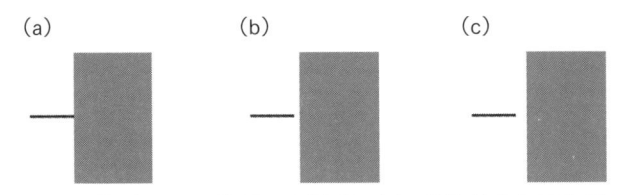

4-1 ニワトリにおけるアモーダル補間の検討

(a)   (b)   (c)

図 4-8 実験 11A で使用した図形の例。標的線分と灰色長方形間の距離が，左から 0, 4, 8 ピクセルであった。ヒトにとっては，灰色長方形と接している (a) の線分が，(b) や (c) の線分よりも長く見える。

ぜい線分の見えの長さに違いが生じる程度である（もちろん，線分の先の隠された部分に複雑な図形が付着しているといった補い方も全くないとは言い切れないが，その可能性は極めて低いだろう）。ニワトリにおいて形の知覚を伴うアモーダル補間が生じなかったのは，それに必要な 2 つの段階のどちらかがヒトと異なるためであるが，もし後の 2 段階目が原因であるならば，長方形に接した線分に対してはニワトリでもアモーダル補間が生じるはずである。実験 11 では，このことを検討するためのテストをおこなった。

1）実験手続き

実験装置は，これまでの実験で用いたものと全く同じであった。実験に用いた図形は図 4-8 に示したようなもので，白色背景上に図形を呈示した。標的線分の長さは 20・24・28・32・36・40 ピクセル（5.9・7.1・8.3・9.5・10.7・11.9 mm）の 6 種類であった。

最初に標的線分の長さを報告させる訓練を，ハトのミュラー・リヤー錯視実験（第 2 章）と同じ方法でおこなった。20・24・28 ピクセルの標的線分に対しては「短い」，32・36・40 ピクセルの標的線分に対しては「長い」と報告すると正解であった。

◆◆ 第4章 「遮蔽」された輪郭の錯視

各問題開始前は，モニタ画面上には何も現れない。

3秒経過後，モニタ画面上に線分が呈示される。

灰色長方形に対して3回つつき反応が入った場合，その問題はやり直し。

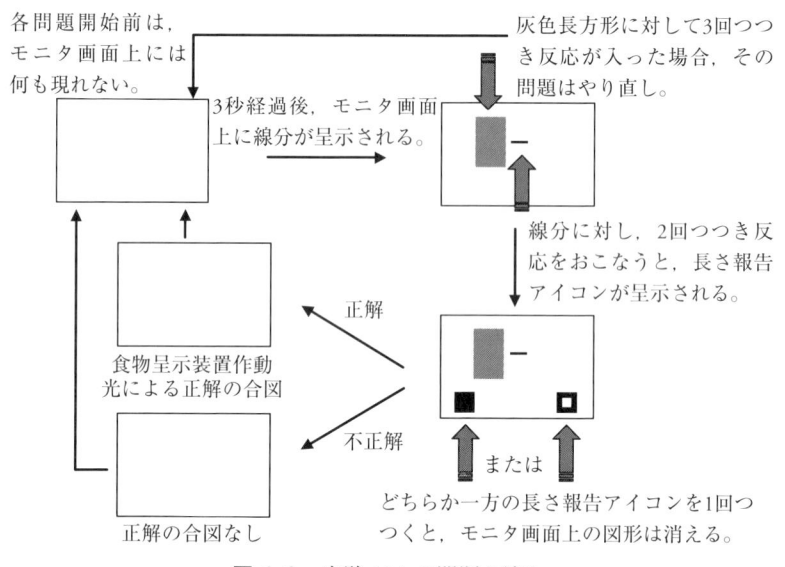

線分に対し，2回つつき反応をおこなうと，長さ報告アイコンが呈示される。

食物呈示装置作動光による正解の合図　正解

正解の合図なし　不正解

または

どちらか一方の長さ報告アイコンを1回つつくと，モニタ画面上の図形は消える。

図 4-9　実験 11A の問題の流れ

　標的線分の長さをきちんと報告できるようになった後，ミュラー・リヤー錯視実験では矢印を呈示したが，本実験では，灰色の長方形（58×94 ピクセル（17.2×27.9 mm））を，標的線分の左右どちらかに呈示した。線分と長方形との間には 8 ピクセル（2.4 mm）の隙間があった。ニワトリが混乱することを避けるために，エビングハウス・ティチェナー錯視実験で周囲円を呈示したようなやり方で，最初は非常に薄い灰色長方形を呈示し，徐々に濃くしていった。なお，灰色長方形に対して 3 回つつき反応が入った場合は，その問題はやり直しとなった（図 4-9）。1 日に 384 問出題し，正答率が 80％以上になるまで訓練を続けた。1 羽（Axel）はこの基準に達することができなかったため，テストをおこなわなかった。

　テスト実施日には，396 問中 108 問がテスト問題，残りの 288 問は

最終訓練と同じ問題をランダムな順番で出題した．テスト問題では，標的線分と灰色長方形の隙間が 0, 4, 8 ピクセルのいずれかとなっていた（図 4-8(a)～(c)）．隙間 0 ピクセルの問題では線分と長方形が接している図形，つまり，ヒトではアモーダル補間が生じて線分が長く見える図形を呈示した．隙間 8 ピクセルの問題は，訓練問題と同じ図形を呈示した．テスト問題は全部で 36 種類（標的線分の長さが 6 種類，線分と長方形間の隙間が 3 種類，長方形が線分の左右どちらにあるかで 2 種類）あり，これらを等しい頻度，つまり 1 日に 3 回ずつ出題した．テスト実施日が合計 12 日間になるまで続けた[6]．

2）実験結果と考察

図 4-10(a) は，標的線分の長さに対して「長い」と報告した割合を示している．もし，ニワトリがヒトと同じようにアモーダル補間するなら，標的線分と灰色長方形が接している隙間 0 ピクセルの図形では他のテスト図形（隙間 4 ないし 8 ピクセル）に比べて，標的線分に対する「長い」という報告が高くなるはずである．しかし，実際の結果はそのようにはならなかった．補間が生じているときの予測とは逆に，隙間 0 ピクセルの図形で「長い」と報告した割合が他の図形に比べて低い結果となった．

図 4-10(a) に対して統計解析[7]を個体ごとに[8]おこなったところ，1羽（Bizen）で「標的線分－長方形の隙間の主効果」の p 値が 0.05 より小さい値となった（表 4-2）．どの図形ペア間で違いがあるのかを詳細に調べるための統計解析をおこなった[9]ところ，隙間 0 ピクセルの図

---

[6] ただし，Chris はテスト 5 日目において，訓練問題の正答率が 75％を下回り，この日はきちんと「長・短」の報告ができていなかった可能性があったため，テストを 13 日間おこない，5 日目の結果は分析から除外した．

◆ 第4章 「遮蔽」された輪郭の錯視

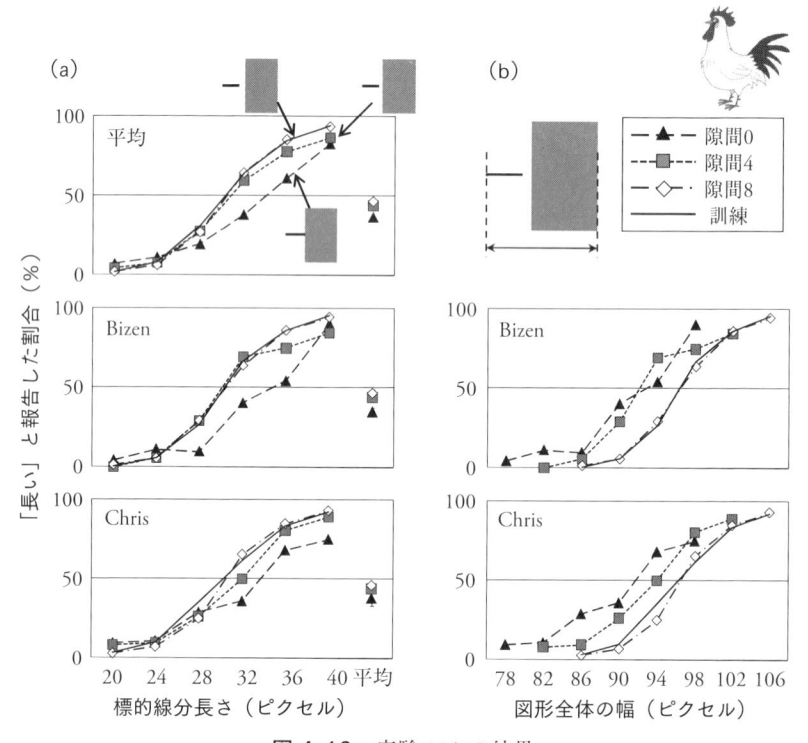

図 4-10 実験 11A の結果

(Nakamura, Watanabe, Betsuyaku, & Fujita, 2011 をもとに作成)

---

7) 2要因の繰り返しのある分散分析（3［標的線分－長方形の隙間：0，4，8］×6［標的線分の長さ：20，24，28，32，36，40］）をおこなった。本文では「標的線分－長方形の隙間の主効果」についてのみ言及しているが，「標的線分の長さの主効果」「交互作用（標的線分－長方形の隙間×標的線分の長さ）」の p 値がそれぞれ 0.05 未満であったことの意味は，第2章のミュラー・リヤー錯視の実験1を参照してほしい。
8) 各条件について，テスト2日分ごとに「長い」報告率を算出した値を分析に用いた。
9) 下位検定（ボンフェローニの対応のある t 検定）

表 4-2　図 4-10(a) に対する統計解析結果

	標的線分−長方形の隙間の主効果		標的線分の長さの主効果		交互作用（隙間×線分長）	
	F 値	p 値	F 値	p 値	F 値	p 値
Bizen	6.69	*	148.23	*	4.42	*
Chris	1.79	n.s.	153.04	*	3.88	*

*: $p<0.05$（統計的に意味のある差が確認された）
n.s. （統計的に意味のある差を確認できなかった）

表 4-3　図 4-10(b) に対する統計解析結果

	標的線分−長方形の隙間の主効果	
	F 値	p 値
Bizen	17.83	*
Chris	17.12	*

*: $p<0.05$（統計的に意味のある差が確認された）

形に対して「長い」と報告する率が，隙間 8 ピクセルの図形に対するそれに比べて低い傾向にあった（p 値 < 0.1）。

　ニワトリが，標的線分の長さ以外の手がかりを使って，この課題に取り組んでいた可能性はないだろうか。ひとつの可能性として，標的線分・灰色長方形・それらの隙間を合わせた横幅全体（図形全体の幅）に基づいた「長・短」報告が考えられる。図 4-10(b) は，先に説明した図 4-10(a) のグラフの横軸を標的線分の長さから図形全体の幅に変更してプロットし直したものである。もし，ニワトリの反応が図形全体の幅に基づいたものであったならば，横軸にこの値をとったグラフにおいて，標的線分−長方形の隙間の違いによる「長い」報告率に差は生じないはずである。図 4-10(b) に対して統計解析[10]を個体ご

---

10)　2 要因の繰り返しのある分散分析（3［標的線分−長方形の隙間: 0, 4, 8］×4［図形全体の幅: 86, 90, 94, 98］）

◆ 第 4 章　「遮蔽」された輪郭の錯視

とにおこなったところ，両個体ともに標的線分－長方形の隙間の主効果の p 値が 0.5 未満となった（表 4-3）。つまり，図 4-10(a) の結果は，図形全体の横幅の要因では説明できないことが分かった。

　以上の結果から，長方形に接した線分をニワトリが長いとは見ていないことが示唆された。むしろ逆に，そのような線分は短く見えている可能性が示された。もしそうであれば，なぜ短く見えたのだろうか。単にアモーダル補間が生じていないだけであれば，線分と長方形は接していると認識されているだけなので，線分は長くも短くも見えないはずである。1 つの可能性として，線分と長方形との間に対比が生じていたことが挙げられる。先に述べたように，対比とは図形間の差の増大をもたらす現象であるので，長方形に比べてその幅が短い線分は，対比によってより短く見えたのではないかという仮説である。大きさの錯視の実験結果をふまえると，そのような可能性は低いように思われるが，図形の種類によって錯視の生じ方が異なるといったこともありうるだろう。対比は，モニタ画面内に 2 つ以上の図形（本実験の場合は，線分と長方形）が存在する場合に生じうる現象である。よって，対比が生じないようにするためには，モニタ画面内の図形を 1 つにしてやればよいことになる。この実験において線分を消し去ることはできないため，操作を加えるとすれば灰色長方形となる。そこで次の実験 11B では，灰色長方形の代わりに画面半分を灰色で塗りつぶすことにした。灰色に塗りつぶされた領域はとても広いため，ニワトリがそれを 1 つの「閉じた」図形と認識することは困難である。このように，対比の効果を最小限に抑えた実験手続きによって，再度，ニワトリのアモーダル補間能力を検討した。

■【実験11B】ニワトリにとって,「壁」に接した線分は長く見えるか?

1) 実験手続き

実験11Aでテストしたニワトリ2羽が参加した。実験11Aでは,ニワトリが標的線分に数回つつき反応をおこなうと,線分と灰色長方形が残った状態で長さ報告アイコンが現れた。しかし,実験11Bで同様のことをおこなうと,左右いずれかの長さ報告アイコンが灰色に塗りつぶされた領域と重なってしまうといった問題が生じる(図4-11)。ヒトの場合は,灰色の領域内に長さ報告アイコンがあるだけだと認識できるが,ニワトリがそのように認識してくれるとは限らない。もしかしたら,標的線分の長さに関わらず,無視すべき存在である灰色領域にある方のアイコンを避け,もう一方のアイコンばかりをつついてしまうといったことが起こりうるかもしれない(もちろん,その逆もありうる)。そこで実験11Bでは,長さ報告アイコン出現と同時に標的線分と灰色領域を消すという手続きに変更した。

最初の訓練として,灰色領域は出さず,標的線分の長さを報告させることを(20・24・28ピクセルの標的線分に対しては「短い」,32・36・40ピクセルの標的線分に対しては「長い」と報告すると正解)をおこなった。実験11Aと異なり,ニワトリが標的線分に数回つつき反応をおこなうと,<u>線分が消えると同時に</u>長さ報告アイコンが現れた。標的線分の長さをきちんと報告できるようになった後,標的線分の左右どちらかを灰色に塗りつぶした。線分と灰色領域との間には8ピクセル(2.4 mm)の隙間があった。ニワトリが標的線分に数回つつき反応をおこなうと,線分と灰色長方形が消えると同時に長さ報告アイコンが現れた(図4-11)。テストは,以上に述べた点が変更となった以外は実験11Aのテストと同じ手続きでおこなった。

◆ 第4章 「遮蔽」された輪郭の錯視

各問題開始前は，モニタ画面上には何も現れない。

3秒経過後，モニタ画面上に線分が呈示される。

灰色領域に対して3回つつき反応が入った場合，その問題はやり直し。

線分に対し，2回つつき反応をおこなうと，長さ報告アイコンが呈示される。

正解

食物呈示装置作動光による正解の合図

不正解

正解の合図なし

どちらか一方の長さ報告アイコンを1回つつくと，モニタ画面上の図形は消える。

または

無視すべき存在である灰色領域を残した状態で長さ報告アイコンを呈示すると，ニワトリは，線分の長さに関係なく，灰色領域とは逆側の線分をつついてしまうかもしれない。

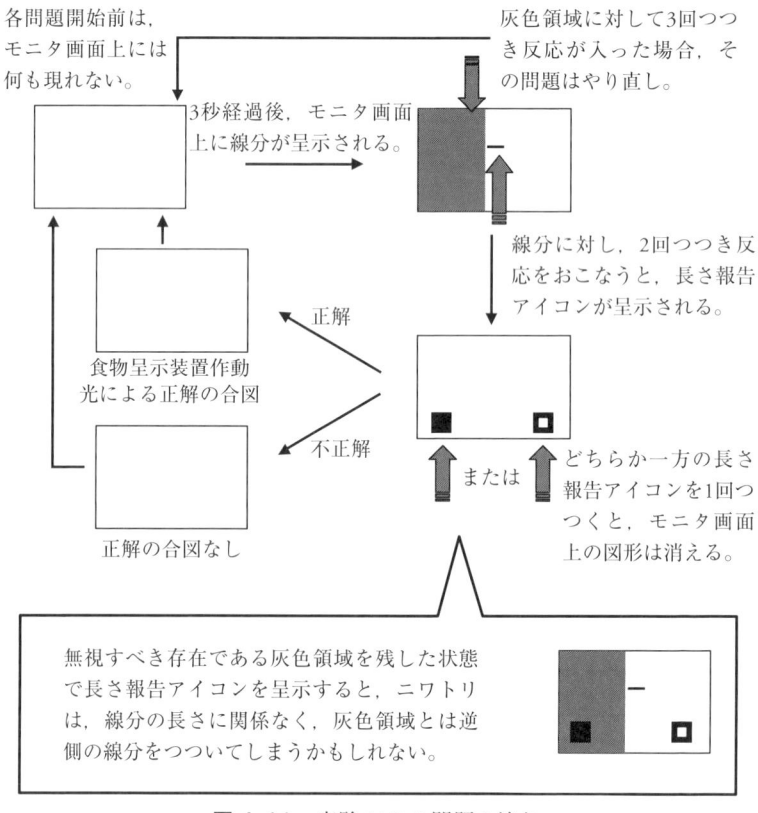

図 4-11　実験 11B の問題の流れ

2) 結果と考察

　図 4-12(a) は，標的線分の長さに対して「長い」と報告した割合を示している。仮説は実験 11A と同じで，もしニワトリがヒトと同じようにアモーダル補間するなら，標的線分と灰色領域が接している隙間 0 ピクセルの図形では他のテスト図形（隙間 4 ないし 8 ピクセル）に比べて，標的線分に対する「長い」という報告が高くなるはずである。しかし，実験 11A 同様，実際の結果はそのようにはならなかっ

図 4-12　実験 11B の結果

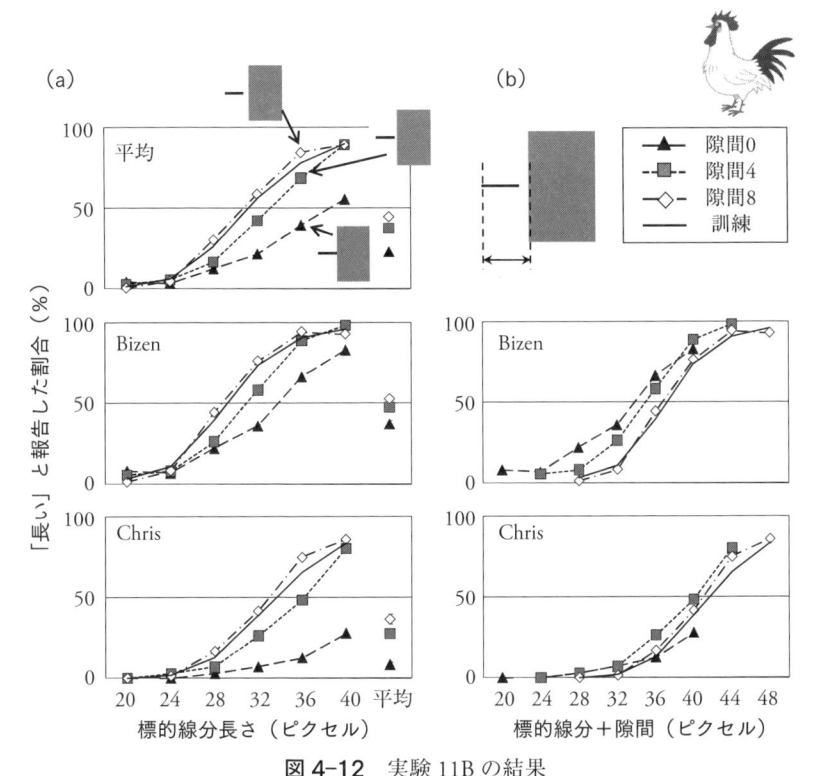

(Nakamura, Watanabe, Betsuyaku, & Fujita, 2011 をもとに作成)

た。補間が生じているときの予測とは逆に，隙間 0 ピクセルの図形で「長い」と報告した割合が他の図形に比べて低い結果となった。

　図 4-12(a) に対して統計解析[11]を個体ごとにおこなったところ，1 羽 (Bizen) で「標的線分 − 長方形の隙間の主効果」の p 値が 0.05 より小さい値となった (表 4-4)。どの図形ペア間で違いがあるのかを詳細

---

11) 2 要因の繰り返しのある分散分析 (3 [標的線分 − 長方形の隙間：0，4，8] × 6 [標的線分の長さ：20，24，28，32，36，40])．

表 4-4 図 4-12(a) に対する統計解析結果

	標的線分－長方形の隙間の主効果		標的線分の長さの主効果		交互作用（隙間×線分長）	
	F 値	p 値	F 値	p 値	F 値	p 値
Bizen	51.72	＊	145.47	＊	3.34	＊
Chris	45.60	＊	126.50	＊	12.52	＊

＊: $p<0.05$（統計的に意味のある差が確認された）

に調べるための統計解析をおこなった[12]ところ，隙間0ピクセルの図形に対して「長い」と報告する率が，他の2種類の図形（隙間8および隙間4ピクセル）に対するそれに比べて低いことが分かった（p 値 <0.05）。ただし，隙間8ピクセルの図形と隙間4ピクセルの図形の間で，「長い」と報告する率に統計的に意味のある差は確認されなかった（p 値 >0.05）。

標的線分の長さ以外の手がかりとして，「標的線分の長さ」と「標的線分－灰色領域の隙間」を合計した値に基づいた「長・短」報告が考えられる（図4-12(b)）。図4-12(b)は，先に説明した図4-12(a)のグラフの横軸を標的線分の長さからこの値に変更してプロットし直したものである。実験11A同様，もしニワトリの反応が標的線分と隙間の合計値に基づいたものであったならば，横軸にこの値をとったグラフにおいて，標的線分－長方形の隙間の違いによる「長い」報告率に差は生じないはずである。図4-12(b)に対して統計解析[13]を個体ごとにおこなったところ，両個体ともに標的線分－長方形の隙間の主効果の p 値が0.5未満となった（表4-5）。つまり，図4-12(a)の結果は，

---

12) 下位検定（ボンフェローニの対応のある t 検定）
13) 2要因の繰り返しのある分散分析（3［標的線分－長方形の隙間：0, 4, 8］×4［標的線分と隙間の合計値：28, 32, 36, 40］）

表 4-5　図 4-12(b) に対する統計解析結果

	標的線分 − 長方形の隙間の主効果	
	F 値	p 値
Bizen	57.11	*
Chris	4.85	*

*: $p<0.05$（統計的に意味のある差が確認された）

「標的線分の長さ」と「標的線分−灰色領域の隙間」を合計した値の要因では説明できないことが分かった。

　以上の結果から，灰色長方形の代わりに灰色領域に接した線分に対しても，ニワトリにはその線分が長くは見えていないこと，むしろ短く見えていることが示された。つまり，実験 11A で示された結果は，標的線分と長方形との対比現象では説明できないことが分かった。それではなぜ標的線分が短く見えたのだろうか。ひとつの可能性として，垂直水平錯視による影響が考えられる。垂直水平錯視とは，物理的には同じ長さの線分でも，垂直方向の線分よりも水平方向の線分のほうが短く見える現象をさし（図 1-1(g)），ヒヨコでも生じるという報告がある (Winslow, 1933)。もしかしたら，標的線分（水平方向の線分）と灰色長方形（垂直方向のエッジ）が接することで，この錯視の効果が強く生じた結果，標的線分が短く見えたのかもしれない。

　Fujita (2001b) は，本実験と類似した実験手続きを用いて，ハトとアカゲザルをテストしている。アカゲザルでは，標的線分と灰色正方形が接する条件で標的線分が長く見えていること，つまりアモーダル補間が生じていることを示唆する結果が得られている。一方でハトでは，本実験のニワトリと同様，標的線分と灰色正方形が接する条件で標的線分が短く見えていることを示す結果となった。つまり，アモーダル補間が生じていることを示す結果とはならなかった。もしかした

ら，ハトやニワトリが示したこのような傾向は，鳥類に共通して生じているものなのかもしれない。

4-2　アモーダル補間に関する鳥類とヒトの種差

　本章では，ニワトリが本当にアモーダル補間するのかを調べるためにおこなった実験を紹介した。妨害図形のなかから標的を探す課題（実験 10）と標的線分の長さを報告する課題（実験 11）の 2 種類の実験手続きによって検討した結果，いずれにおいてもニワトリがアモーダル補間していることを示す証拠は得られなかった。多くの先行研究において「ハトはアモーダル補間をしない」ことを示唆する結果が報告されてきたが，少なくとも本実験のニワトリが示した結果はハトの研究結果と類似するものであった。全体志向的な情報処理をおこなう傾向が強いヒトは，「遮蔽」された部分も含めた図形全体の輪郭を認識するためにアモーダル補間が生じる。それに対して，局所志向的な情報処理をおこなう傾向が強いハトやニワトリでは，物理的に見えている部分のみの情報からその図形の輪郭を認識するためにアモーダル補間が生じないと考えられる。第 2，3 章で，長さや大きさの錯視におけるヒトと鳥類（ハト，ニワトリ）の種差が，それぞれの動物の情報処理傾向の違い（全体志向的か局所志向的か）による可能性に言及したが，本章の結果はそれを支持するものである。

　ただし，鳥類では全くアモーダル補間が生じないのかというと，そうとは言い切れない結果も報告されている。まず，先に述べたインプリンティングを用いたヒヨコの研究例がある。また，多くの研究でアモーダル補間に否定的な結果を示すハトであっても，特殊な訓練を受

けることによってアモーダル補間するようになる可能性を報告した研究[14]もある（DiPietroら，2002; Lazareva, Wasserman, & Biederman, 2007）。さらに高橋・岡ノ谷（2000）は，ジュウシマツがアモーダル補間に肯定的な結果を示すことを報告している。ジュウシマツのメスの姿を全身，上半身のみ，下半身のみに編集した図をモニタ上に呈示し，オスに見せた場合，下半身のみの図に比べて，全身もしくは上半身のみの図に対してより多く求愛の歌がうたわれた。しかし，例えば上半身のみの図ではモニタの下半分をダンボールで隠すといった操作を加えた場合，3種類どの図に対しても同様に求愛の歌がうたわれたという。もし，補間が生じていなければ，ダンボールがあってもなくても同じ結果が得られるはずである。その動物にとって意味のある対象が実験で用いられたために，鳥類でもアモーダル補間が生じたのではないかと思われるかもしれないが，少なくともハトではそうした対象に対してもアモーダル補間が促進されることはないことが知られている（Aust & Huber, 2006; Shimizu, 1998, Ushitani & Fujita, 2005; Watanabe & Furuya, 1997）。鳥類内のこうした違いがどのような要因によって生じているのかについては，今後の検討課題である。

　絵画的な奥行き手がかりがある条件でニワトリ成鳥をテストした研究もある（Forkman, 1998）。この実験の訓練問題では，モニタ画面の「奥」にある方の図形（例えば，図4-13(a)の場合は黒丸）をつつくことが求められた。四角形が「奥」に位置する条件もあった。図形の大きさは，図内の水平線分の長さとの比が一定となるように変化した。つ

14）ただしこの実験でもハトが実験者の意図したものとは別の手がかりを用いていた可能性がある。それについては，大山（監修），山口・金沢（編集）『心理学研究法　4 ── 発達』の第10章「知覚・認知の種間比較」（牛谷執筆）を参照してほしい。

◆ 第4章 「遮蔽」された輪郭の錯視

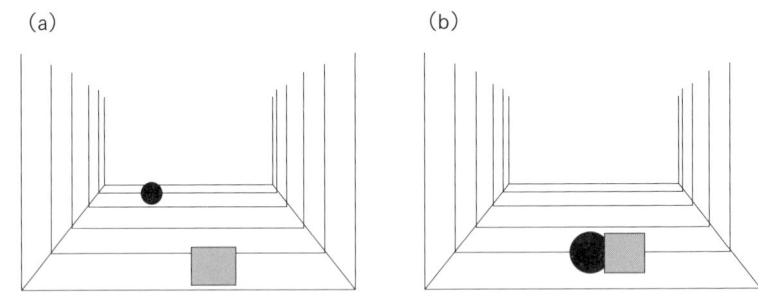

(a)　　　　　　　　　(b)

図 4-13 絵画的な奥行き手がかりがある条件で，ニワトリ成鳥がアモーダル補完するかを調べた研究（Forkman, 1998）で用いられた図形の例

(Forkman, 1998 をもとに描く)

まり，「奥」に位置する図形は「手前」に位置する図形よりも常に小さかった。訓練問題の合間にときどき出題されたテスト問題では，黒丸と四角形のいずれかがもう一方に「隠されている」図を呈示した。訓練問題で「奥」にある図形へのつつき回数の割合が総つつき回数の70％以上となるセッションが3回連続したら，そこからさらに17セッションを実施し，合計20セッションを分析の対象とした（ただし，1セッションは30分）。もし，ニワトリがアモーダル補間するのであれば，一部を「遮蔽された」側の図形（図4-13(b)の場合は黒丸）をつつくであろう。「遮蔽された」図形は「遮蔽している」図形よりも「奥」側に位置することになるからだ。逆にアモーダル補間しないのであれば，2つの図形は並置していると認識されることになるため，両図形に対するつつき反応は半々になるであろう。分析の対象となった2羽がテスト問題で「遮蔽された」図形をつついた割合は総つつき回数の約3分の2であった。この結果から Forkman は，ニワトリがアモーダル補間していたと主張している。本章で紹介した筆者らの研究結果と併せて考えると，絵画的奥行き手がかりがニワトリの奥行き知覚を

促進した結果，アモーダル補間が生じるようになったと結論できるかもしれない。ただしこの研究では，ニワトリが2次元平面から3次元の奥行きを見ることが前提となっている。例えば図4-13(a)において，四角形よりも物理的に上方に描かれている黒丸を見て，ニワトリはそれが「奥」にあるものと認識するであろうと仮定されているが，実際にそのように見ていたかどうかは分からない。また，問題を解く際に実験者が意図していない手がかりを用いていた可能性として，図形の面積と図形の位置する高さについて検討しているが，それら2つの手がかりを組み合わせて利用していた可能性は排除されていない。絵画的な奥行き手がかりが利用可能な場合に本当にニワトリがアモーダル補間するのかどうかについては，今後さらに検討していく必要があるように思われる。

　以上をまとめると，ヒトと比べた場合，鳥類(少なくともハトやニワトリ)は全体よりも部分に着目する傾向が強いのは確かであるが，それは絶対的なものではなく，実験条件の違いによって変化しうる相対的なものといえる。

第 4 章 「遮蔽」された輪郭の錯視

コラム③

ハトやニワトリに
モニタ画面上の図形をつつかせるには？

　本文では，線分の長さや円の大きさを報告させる訓練段階から記述したが，実は（というか，冷静に考えれば当たり前のことかもしれないが），初めて実験装置に入れられた動物は，自ら進んでモニタ画面上の図形をつつくことはない。ハトやニワトリにモニタ画面上の図形をつつかせるには，どうしたらよいだろうか。

　みなさん自身がどこか知らない部屋に一人だけ連れて行かれた場面を想像してほしい。部屋に入れられた直後は，おそらくその場でじっと部屋のなかの様子を見回して観察するのではないだろうか。そして，しばらく時間が経っても何も起こらなければ，ゆっくりと部屋のなかを動きまわり，壁や物に触れることもあるだろう。ヒト以外の動物もこれに似た行動をとる。ハトにしてもニワトリにしても，初めて実験装置に入れられたときは，最初はその場でじっと動かずに立ち尽くしている。しかし，ある程度の時間が経過すると，ゆっくりと動き始める。そうした動きのなかで，偶然，実験装置内にあるモニタ画面の方向に顔や体を向けることがある。その瞬間，実験者が遠隔操作によって食物呈示装置を作動させて，餌を与える（最初は，食物呈示装置が動いたことに驚き，餌を食べてくれない場合もあるが，呈示装置を作動したままにしておくなどすれば，呈示装置に近づいて餌を食べてくれるようになる）。これを数回繰り返すと，動物は自発的にモニタ画面方向に顔や体を向けるという行動を安定して示すようになる。

コラム③

　次に，この行動よりも最終目標「モニタ画面上の図形をつつく」に少しでも近い行動，例えば，「モニタ画面に近づく」行動を形成する。モニタ画面に顔を向けただけでは餌を与えないようにすると，動物は，他の場所に顔を向けたり，その場から移動したりといった，別のさまざまな行動を示すようになる。そのなかで「モニタ画面に近づく」という行動が自発されたときに，すかさず実験者が遠隔操作によって餌を与える。これを数回繰り返すと，この行動が安定して出現するようになる。

　以下，同様の手続きによって，最終的な目標である「モニタ画面上の図形をつつく」行動に徐々に近づけていく。なお，この訓練段階では，「モニタ画面上の図形に反応があったら（モニタに取り付けられたタッチセンサーが入力を受け付けたら），実験者の遠隔操作なしに自動的に食物呈示装置が作動する」ようにセッティングしておくことで，一旦最終目標行動が形成されたら，あとは実験者の操作がなくても，動物はその行動を安定して示し続けるようになる。

　ヒトの場合であれば，実験者が求める行動を言語によって簡単に教示することができるが，ヒト以外の動物の場合には，このような事前訓練が必要となるのである。

155

第 5 章

傾きの錯視

対比錯視の種差に関する一般性の検討

本書では「ハトやニワトリでは対比による錯視が生じない」という1つの仮説を立てたが，これはどの程度一般性があるものなのだろうか。第2, 3章では長さや大きさの錯視を取り扱ってきたが，他の次元にも当てはまるものなのか。このことを確かめるため，筆者は「角度（傾き）」に関する錯視としてツェルナー錯視図（図1-1(c)）に注目し，この図をハトやニワトリがどのように見ているかについての実験を渡辺創太らと共同でおこなった（Watanabe, Nakamura, & Fujita, 2011, 2013）。ツェルナー錯視は，平行なはずの線分が平行に見えなくなる現象であると第1章で説明したが，もう少し厳密に説明すると，長い主線分と短いハッチから構成される鋭角側の角度が実際よりも大きく見える方向，つまり鋭角過大視が生じる方向に線が傾いて見える現象である（図5-1(a)）。第2章で述べた「差の減少・差の増大」という捉え方（Gotoら, 2007）からすれば，主線分の傾きとハッチの傾きにおける差の増大（すなわち対比）によって生じる現象と考えることができる。もし「鳥類（ハトやニワトリ）では対比による錯視が生じない」という仮説が，長さ・大きさだけでなく角度（あるいは傾き）にも当てはまるものであるならば，鳥類ではツェルナー錯視は全く生じないかもしれない。あるいは，主線分の傾きとハッチの傾きにおける差の減少（すなわち同化，角度過小視）が生じることで，エビングハウス・ティチェナー錯視のようにヒトと鳥類では錯視の生じ方が逆になる可能性もある（図5-1(b)）。

◆ 第5章 傾きの錯視

(a) ヒト　　　　　　　　(b) 鳥類（仮説）

対比（角度過大視）　　　同化（角度過小視）

(a) ヒトのツェルナー錯視は，長い主線分と短いハッチから構成される鋭角側の角度が，実際よりも大きく見える結果として生じる現象である。これは，主線分の傾きとハッチの傾きにおける差の増大すなわち対比によって生じる現象であると考えることができる。

(b)「ハトやニワトリでは対比による錯視が生じない」という仮説が角度（あるいは傾き）にもあてはまるのであれば，鳥類では主線分の傾きとハッチの傾きにおける差の減少すなわち同化が生じることで，ヒトとは錯視の生じ方が逆になるかもしれない。

図 5-1　ヒトと鳥類におけるツェルナー錯視の違い（仮説）

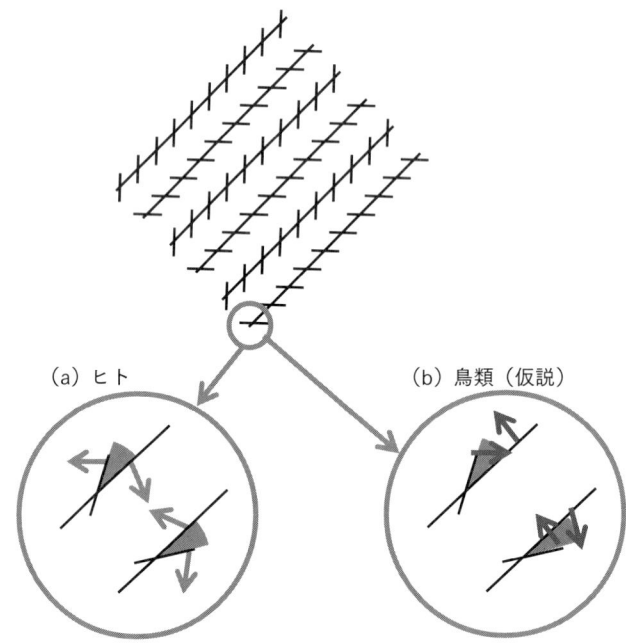

5-1 鳥類のツェルナー錯視

■【実験12】鳥類のツェルナー錯視はヒトの錯視と異なるのか
1）実験手続き

　実験には，ハト6羽（全てオス。Hans, Indy, Andy は13歳，Glue は8歳，George は4歳，Momiji は1歳。年齢は実験開始時）とニワトリ3羽（Axel, Bizen, Chris）が参加した。装置はこれまでに紹介した実験と同じものを用いた。最初の訓練では，2本の長い線分（主線分）のみをモニタ画面に呈示し，どちらの間隔が広いか（あるいは狭いか）を報告する課題をおこなった（図5-2(a)）。広いほうを答えるように訓練されたトリ（ハト：Hans, Glue, George　ニワトリ：Bizen, Chris）の場合，左の図形では下側の，右の図形では上側の赤丸（ただし図5-2では灰色）をつつくと正解であった。狭いほうを答えるように訓練されたトリもいた（ハト：Indy, Andy, Momiji　ニワトリ：Axel）。通常，つつくという行動は餌や物体などの目標物に対してなされるものであるため，本実験のように，物理的に何も存在しない空白の場所につつき反応を最初からおこなわせることは困難であると思われた。赤丸を入れた理由は，つつくための目標を設置することでトリがこの課題を学習しやすくするためであった。ただし，赤丸があるとテストの結果になんらかの影響を及ぼす可能性が考えられるため，反応が安定してきたら赤丸を徐々に薄くしていき，最終的には赤丸がない状態でどちらが広い（狭い）かの報告ができるようになるまでこの訓練を続けた（図5-2(c)）。図5-3(a) に示したように，2本の主線分の関係を6種類設けた（−15°，−9°，−3°，+3°，+9°，+15°）。−15°というのは2本の線分の傾きの違いが15°（延長して交わったときになす鋭角側の角度が15°）であり，下側が開いていることを意味する。+のときには上側が開い

◆ 第5章 傾きの錯視

(a) どちらが広い？（狭い？）

(b) 反応が安定したら，赤丸を徐々に薄くする。

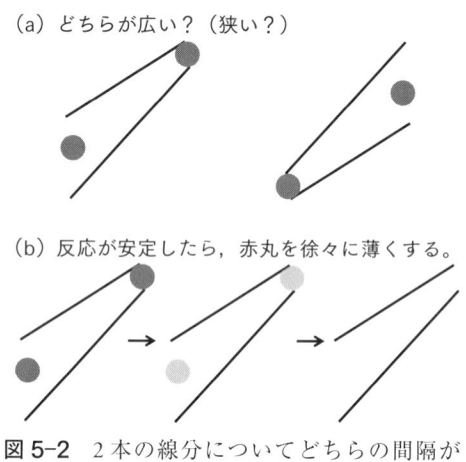

図 5-2　2本の線分についてどちらの間隔が広いかを報告する課題例

ていることを意味する。局所的な特徴を手がかりにできないように，2本の線分の位置関係は保ったまま，線分の傾きをさまざまに変化させた（図 5-3(b) は，角度−15°の図形の呈示例）。

　その後の最終訓練では，主線分にハッチ（短線分群）を付加した図形を呈示した。主線分とハッチの交わる角度を固定してしまうと，何らかの錯視が生じてしまう，あるいは局所的な特徴を手がかりにつつき反応をしてしまうなどの可能性が考えられたため，問題ごとに主線分とハッチの交わる角度をさまざまに変化させた（図 5-3(c) はその一例）。

　テスト実施日には，最終訓練問題に加え，主線分とハッチの交わる角度が 30°である図形をテスト問題として出題した（図 5-4）。1日に各テスト問題を 2問ずつ出題し，20日間実施した。訓練では 2本の主線分の関係は 6種類であったが，テスト問題では，さらに 0°（平行）の図形（通常，ツェルナー錯視図形と呼ばれるもの）を加えた。主線分と

(a) 2本の主線分の関係

$-15°$　$-9°$　$-3°$　$+3°$　$+9°$　$+15°$

(b) $-15°$の図形の呈示例

(c) 最終訓練

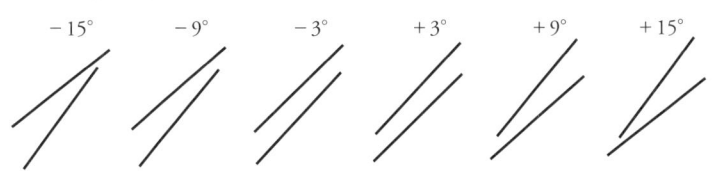

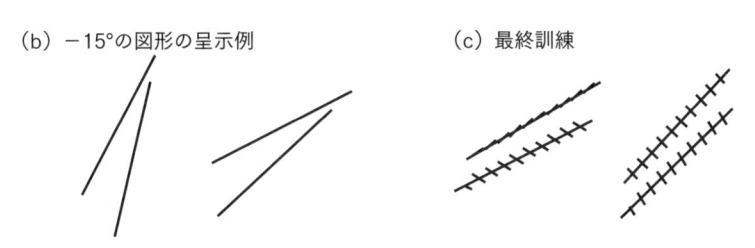

図 5-3 (a) 訓練では，2本の主線分の関係を6種類設けた。
(b) $-15°$の図形の例。2本の線分の位置関係は保ったまま，線分の傾きは問題ごとにさまざまに変化した。
(c) 最終訓練で用いた図形の例。主線分とハッチ（短線分群）の交わる角度は問題ごとにさまざまに変化した。

ハッチの交わり方には2種類あり，ヒトと同じ錯視が生じた場合に，2本の主線分の上側が実際よりも少し開くように見える場合（上開き誘導ハッチ）と下側が実際よりも少し開くように見える場合（下開き誘導ハッチ）があった。

　もし，ハトやニワトリでヒトと類似した錯視が生じているならば，2本の主線分の関係が全く物理的には同じ（例えば，ともに0°で平行）であっても，上開き誘導ハッチが付加された図形のほうが下開き誘導ハッチが付加された図形に比べ，「上が開いている」という報告が多くなると予想される。実際，ヒト8名に対して実験をおこなったところ，まさにこのような結果が得られた（Watanabeら，2011）。しかし先

◆ 第5章　傾きの錯視

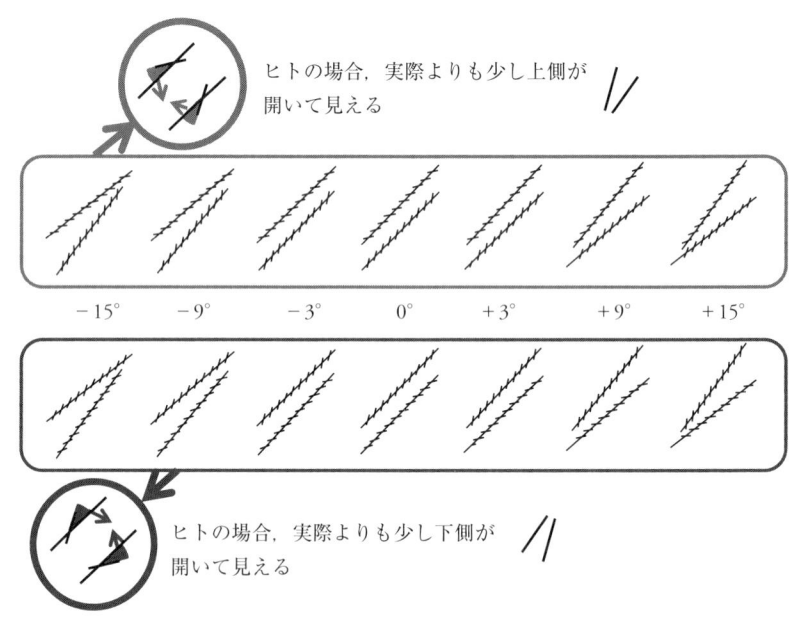

ヒトの場合，実際よりも少し上側が開いて見える

| −15° | −9° | −3° | 0° | +3° | +9° | +15° |

ヒトの場合，実際よりも少し下側が開いて見える

図 5-4　テスト問題として出題した図形の例

に述べたように，もしハトやニワトリでは対比による錯視が生じないのであれば，ツェルナー錯視が生じない可能性がある。この場合は，上開き誘導ハッチ図形と下開き誘導ハッチ図形との間で「上が開いている」という報告に差がみられないであろう。もしくはヒトと逆方向の錯視が生じる可能性もあり，この場合は，上開き誘導ハッチ図形よりも下開き誘導ハッチ図形に対して「上が開いている」という報告が多くなるであろう。

2）実験結果と考察

　どのハト・ニワトリも訓練問題で高い正答率を示した（ハト：80〜89％，ニワトリ：75〜89％）。このことは，テスト実施日においても2

本の主線分が上下のどちらに開いているかをきちんと報告することができていたことを示している。図5-5はハト（6羽の平均）・ニワトリ（3羽の平均）それぞれの結果を示している。横軸は2本の主線の開き具合（値が大きいほど上開き），縦軸は「上開き」と報告した割合を表す。シンボルのない直線グラフ（——）が訓練問題，正方形シンボルのついたグラフ（-■-）が上開き誘導ハッチ図形（ヒトでは主線が実際よりも上開きに見える条件），三角形シンボルのついたグラフ（…△…）が下開き誘導ハッチ図形（ヒトでは主線が実際よりも下開きに見える条件）の結果である。ハト・ニワトリとも類似した傾向を示している。まず第1に，2本の主線の配置が上開きになればなるほど，「上開き」であるという報告が増加していることが分かる。この結果も，先ほどの正答率の結果と同じように，ハトがでたらめな反応をしていたわけではなかったことを示している。そして第2に，2本の主線が同じ開き具合であっても，ハッチの付き方によって「上開き」と報告した割合に違いがあることが分かる。具体的には，ヒトでは主線が上開きに見える上開き誘導ハッチ図形よりも，ヒトでは主線が下開きに見える下開き誘導ハッチ図形のほうが「上開き」であるという報告が高くなっている。これは，ヒトと同様のツェルナー錯視が生じていると仮定した場合に予想される結果とは逆になっている。

このことを客観的な指標を用いて検討するために，図5-5の結果に対して統計解析[1)]をおこなったところ，表5-1のようになった。「ハッチの主効果」のp値が0.05未満であったことは，「上開き誘導ハッチ図形」よりも「下開き誘導ハッチ図形」のほうが「上開き」であると報告する割合が高かったことが統計的に示されたことを意味す

---

1) 2要因の繰り返しのある分散分析（2［ハッチの向き：上開き誘導，下開き誘導］×3［主線の開き具合：-3度，0度（平行），+3度］）をおこなった。

◆◆ 第5章　傾きの錯視

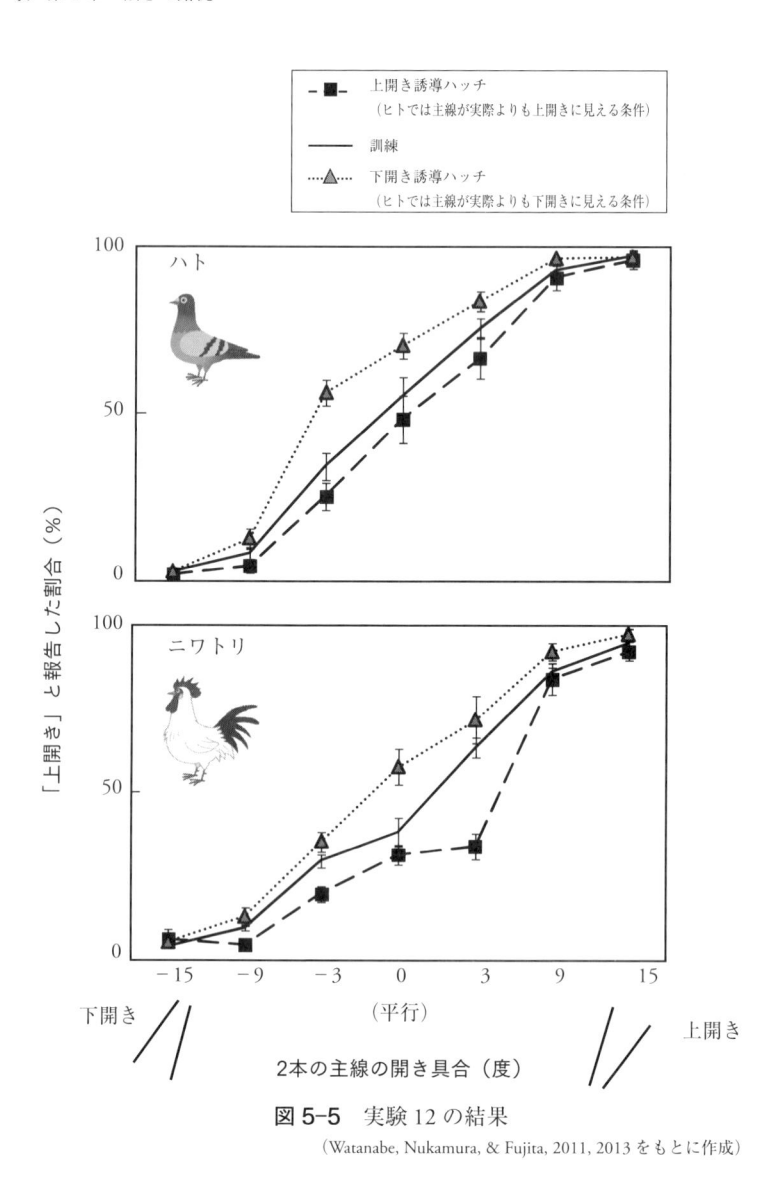

凡例:
- ■ 上開き誘導ハッチ（ヒトでは主線が実際よりも上開きに見える条件）
- ── 訓練
- △ 下開き誘導ハッチ（ヒトでは主線が実際よりも下開きに見える条件）

（縦軸）「上開き」と報告した割合（%）
（横軸）2本の主線の開き具合（度）　下開き ← －15　－9　－3　0（平行）　3　9　15 → 上開き

ハト／ニワトリ

図 5-5　実験 12 の結果
（Watanabe, Nukamura, & Fujita, 2011, 2013 をもとに作成）

表 5-1　図 5-5 に対する統計解析結果

	ハッチの主効果		主線の主効果		交互作用 (ハッチ×主線)	
	F 値	p 値	F 値	p 値	F 値	p 値
ハト	26.84	*	134.52	*	5.30	*
ニワトリ	19.32	*	11.22	*	1.93	n.s.

*: $p<0.05$ (統計的に意味のある差が確認された)
n.s. (統計的に意味のある差を確認できなかった)

る。

　以上の結果から，ハト・ニワトリともにヒトとは逆方向の錯視が生じていることが分かった。つまり，ヒトは図 5-1(a)，ハトやニワトリでは図 5-1(b) のような錯視が生じているわけである。第 1 章の冒頭で，「図 1-1(c) は，ツェルナー錯視図と呼ばれるもので，横方向の長い線分は実際には平行に並んでいるが，斜めに交わる短いヒゲのような線があることで，上の線分から右下がり，左下がり，右下がり，左下がり……と互い違いに傾いて見える」と述べたが，ハトやニワトリの場合は最後の部分が「……上の線分から左下がり，右下がり，左下がり，右下がり……と互い違いに傾いて見える」と記述されることになる。本実験で用いたような通常のツェルナー錯視図に対して，錯視の生じる方向が逆転する(鋭角過小視が生じる)という報告は，筆者が知る限りにおいては初めてである。

　ただしツェルナー錯視以外の錯視図については，本実験のハトやニワトリのようにヒトでも鋭角過小視が生じる事例が報告されている。図 5-6(b) に示したフレーザー錯視(ねじれひもの錯視)がその一例である。図 5-6(a) のツェルナー錯視と見比べていただければ分かると思うが，水平線分の傾き方が両図形で逆になっている(ツェルナー錯視は上から右下がり，左下がり，右下がり，左下がりだが，フレーザー錯

◆◆ 第5章 傾きの錯視

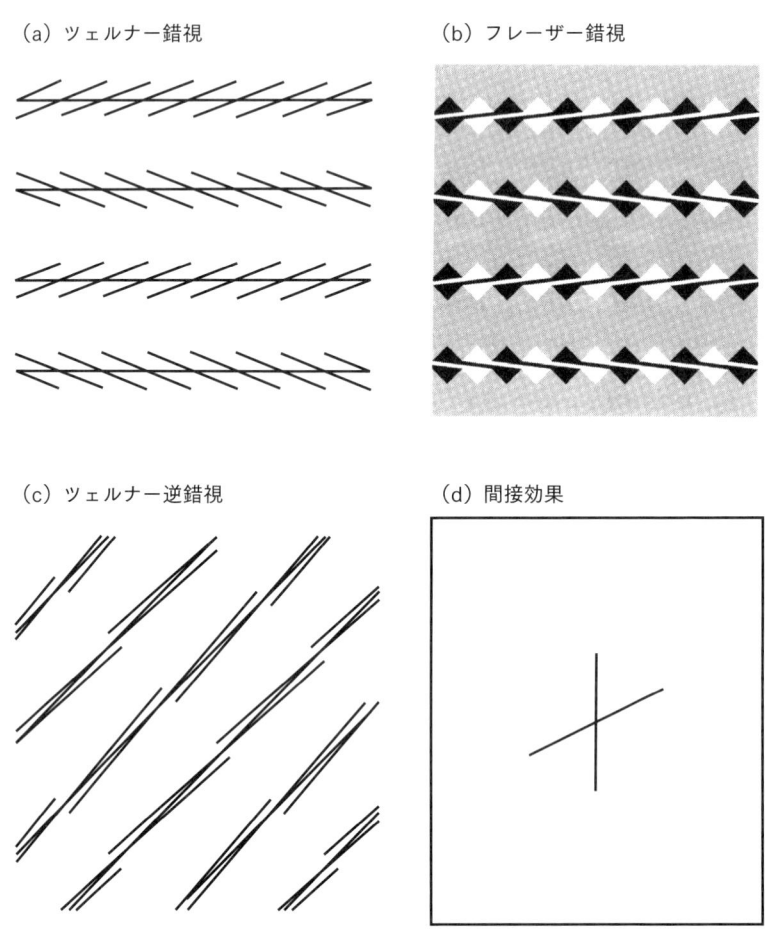

(a) ツェルナー錯視

(b) フレーザー錯視

(c) ツェルナー逆錯視

(d) 間接効果

図 5-6 さまざまな傾きの錯視
（北岡, 2010; 後藤・田中, 2005; Kitaoka, 2000 をもとに作成）

視は上から左下がり，右下がり，左下がり，右下がりとなっている）。北岡（2010）によれば，ツェルナー錯視では主線とハッチの交差角が10〜30度で錯視量が最大となるのに対し，フレーザー錯視では交差角が10度以下のときに錯視が生じるとされている。別の鋭角過小視の例は，図5-6(c)のツェルナー逆錯視と呼ばれるものである。よく見ると，通常のツェルナー錯視とは主線の傾く方向が逆になっている。この図における主線とハッチの交差角は約3度と非常に小さい。図5-6(d)は間接効果と呼ばれるもので，縦方向の垂直線分が少し右側に傾いて見えると思う。これも鋭角が過小視される方向に錯視が生じている。この錯視は交差角が50度以上のときに生じるとされる（Gibson & Radner, 1937; O'Toole & Wenderoth, 1977; Over, Broerse, & Crassini, 1972）。交差角の大小だけが鋭角過小視・鋭角過大視を決定するわけではない[2]が，どのような錯視が生じるかを決める重要な要因のひとつには違いないだろう。ツェルナー錯視図あるいは上に挙げたような錯視図の交差角を変化させたときに，ヒトと鳥類（ハト，ニワトリ）で錯視の生じ方はどのように変化していくのだろうか。どのような図形に対しても，やはり差の縮小である「同化」（つまり鋭角過小視）は生じるが，差の増大である「対比」（つまり鋭角過大視）は生じないのであろうか。今後の研究テーマのひとつとして興味深い。

---

[2] 例えば，北岡（2005）によれば，交差角が15度程度でも鋭角過小視（フレーザー錯視）が生じうること，しかし，その錯視図からフレーザー錯視特有のダイヤモンド状の「縁飾り」を取り除いた図では鋭角過大視（ツェルナー錯視）が優勢となることを示している。

◆ 第5章 傾きの錯視

5-2 対比錯視の種差

　「ハトやニワトリでは対比による錯視が生じない」という仮説が，長さや大きさだけでなく角度の次元に対しても当てはまることが明らかとなった。もしかしたらこれは一般性をもった仮説であり，ヒトの錯視やハト・ニワトリの錯視がそれぞれどのような特徴をもっているのかを明らかにするための大きな助けとなるかもしれない。

　ハトやニワトリの動物でも対比による錯視が生じない事例（例えば，第3章で紹介したヒヒではエビングハウス錯視が生じないと報告した研究）があることから，ヒトの錯視の特徴のひとつは「差の増大をもたらす事例が存在すること」とまとめることができるかもしれない。逆にハトやニワトリの錯視の特徴のひとつは，「差の減少（同化）をもたらす傾向が強いこと」といえる。

コラム④

視覚器の多様性

　視覚，聴覚，味覚，嗅覚など，私たちはさまざまな感覚を感じとることによって，自身の外にある環境や身体内部で生じていることを把握できる。そうした感覚は，それぞれに対応する感覚器（例えば，視覚なら視覚器）で外界の刺激が電気信号に変換され，その信号が脳や脊髄などに伝達・処理されることによって生じる。これはヒトを含めた動物に共通して当てはまるものであり，それぞれの動物は，自身にとって重要な情報を環境から効率的に引き出すことができるように，感覚器を進化（もしくは必要でないものは退化）させてきた。本書の内容に大きく関係する視覚器の形態は，動物によってさまざまなバリエーションがあることが分かっている。地球上にいる限りどのような環境でもあまり差異のない重力に対する傾きを感知する平衡覚器の構造が，どの動物でもほとんど変わらないことと対照的であるといえる。これは，視覚世界が動物によってさまざまであることの表れかもしれない。

　ちなみに，無脊椎動物の眼と脊椎動物の眼には大きな違いがあり，前者が皮膚（表皮）由来であるのに対し，後者は脳由来である。無脊椎動物の視覚器にはいくつかの種類が存在するが，有名なものは昆虫などがもっている複眼だろう。その構造は，脊椎動物が共通にもっている眼（カメラ眼と呼ばれる）の構造とは大きく異なっている（詳細は省略）。そのような眼をもっている昆虫が見ている世界は，我々の視覚世界とは大きく異なるものだと推測されるが，その全てが異なっているわけではないようである。本文中でも昆虫の

◆ 第 5 章　傾きの錯視

　錯視研究を幾つか紹介したが，例えばミツバチでも主観的輪郭が生じているという知見は，ハード的には全く異なる視覚システムであっても，形の輪郭を検出するための情報処理はヒトとミツバチで互いに類似したものであることを示唆する興味深いものである。筆者自身は無脊椎動物を対象とした研究をおこなったことはないが，ヒトとは全く異なる視覚システムをもつ生物の錯視研究も面白いかもしれない。（感覚器の進化に関して詳細を知りたい方は，岩堀(2011)などを参照してほしい）

さまざまな眼。上段左からカエル，カツオ，ミツバチ，下段左から，ベローシファカ，タコ，ハト。
（写真提供：(a) (b) アフロ，(c) 酒井章子氏，(d) 小田亮氏，(e) Ardea / アフロ，(f) 著者）

終　章

トリの眼から見えた世界

本書では，ヒトにとっては長さや大きさの錯視が生じる図形が，ハトやニワトリといった鳥類ではどのように見えているのかを調べ，ヒトの見えと比較した。その結果，ヒトと鳥類2種との間で同じように生じている錯視と全く生じ方が異なる錯視とがあることが分かった。ポンゾ錯視（Fujitaらの研究結果）やミュラー・リヤー順錯視（第2章）のように，標的図形の周囲に置かれた図形への「同化（標的図形と周囲に置かれた図形における差の減少）」として生じる錯視は，鳥類でも生じることが示された。しかし，ミュラー・リヤー逆錯視（第2章）やエビングハウス・ティチェナー錯視（第3章）のように，標的図形とその周囲に置かれた図形の「対比（標的図形と周囲に置かれた図形における差の増大）」によって生じるものは，鳥類では錯視が生じない，あるいは逆に同化による錯視が生じることが示された。また，ミュラー・リヤー順錯視図や同心円錯視図では，標的図形の周囲に置かれた図形の長さや大きさを変化させたときに，ヒトでは錯視の生じ方が逆転する（同化から対比への移行が生じる）が，ハトではそのような現象は確認されなかった（対比への移行は生じなかった）。これまでの動物の錯視研究では，「動物でもヒトと同じように錯視が生じているのか？」といった興味からおこなわれたものがほとんどであったため，動物によってはヒトとは錯視の生じ方が異なるという報告は，Fujitaらによるポンゾ錯視研究や筆者らの研究と同時期におこなわれたヒヒにおけるエビングハウス・ティチェナー錯視研究（第3章）を除いて他にはなかった。それらの研究においても，動物によって錯視の生じる強さ（錯視量）が異なる，あるいは全く錯視が生じないといった結果であり，ヒトと逆の錯視が生じる動物がいるという報告は，筆者が知る限りにおいて初めてのものである。
　このようなヒトと鳥類における錯視の違いは何を意味するのだろう

◆◆ 終　章　トリの眼から見えた世界

か？　まず，ハトとニワトリで大きな違いは確認されなかったことから，少なくとも本書で検討した錯視に関しては，両種の生活様式の違い（飛行性か地上性かといった移動様式，食性など）が大きく影響しているわけではないと考えられる。また，第1章で鳥類と霊長類の視覚情報処理に関する脳神経構造の違いについて触れたが，対比の生起に関する種差の原因をこれに求めることも難しいかもしれない。なぜなら，霊長類であるヒヒでは，ヒトで対比が生じるエビングハウス・ティチェナー錯視図形に対して全く錯視が生じないという報告があるためだ（第3章を参照）。錯視は生活様式や脳構造の違いといった単一の要因だけで説明できるような単純なものではなく，それらを含めたさまざまな要因が影響して生じる現象だということなのだろう。

　このように考えていくと，現段階でヒトと鳥類の錯視の種差を最もよく説明できそうなのは，第2～5章の考察などで述べてきた，それぞれの動物のもつ情報処理傾向の違いである。錯視以外の先行研究から，ヒトは「木よりも森を見る」といった全体志向的な情報処理傾向が強く，ハトは「森よりも木を見る」といった局所志向的な情報処理傾向が強いことが報告されてきた（第1章）。ニワトリの場合も，ヒトと同一の実験手続きで比較した筆者らの研究においてアモーダル補間に否定的な結果が示され，ヒトよりも局所志向的な情報処理傾向が強いことが明らかとなった（第4章）。そのようなヒトと鳥類の違いが，全く正反対の錯視を生じさせているわけである。ヒトではこれまでにさまざまな種類の錯視が報告されており，ミュラー・リヤー順錯視のように局所的な図形部分間の相互作用で説明されるものもあれば，エビングハウス・ティチェナー錯視のように図形全体の処理を必要とするものも存在する。本書で紹介した鳥類との比較研究から見えるヒトの錯視の特徴が強く現れているのは，後者のタイプに分類されるもの

であろう。さらにこうしたヒトの錯視の特徴は，ものごころがつくようになるずっと前から我々に備わっている能力である可能性が報告されている。その1つが，5〜8ヶ月児でもエビングハウス錯視が生じていることを示唆した研究である（Yamazaki, Otsuka, Kanazawa, & Yamaguchi, 2010)。ヒトは外界の対象を環境全体との関係性とのなかで認識する傾向が強く，それが錯視にも現れているというわけである。ただし，これがヒト特有の現象とまでは言い切ることができないことを示唆する研究報告もある。そのうちの1つが，ヒヒでも生じないとされたエビングハウス・ティチェナー錯視が，水生哺乳類の1種であるハンドウイルカ（*Tursiops truncatus*）において生じているとするものである（Murayama, Usui, Takeda, Kato, & Maejima, 2012)。1頭の実験結果であるため慎重に議論する必要はあるかもしれないが，ハンドウイルカがヒトと同様に全体志向的な処理傾向が強い動物である可能性を示す研究である。イルカが他の錯視図形（特に対比によって生じるとされる錯視）をどのように見ているのかを調べることで，ヒトの錯視の生起に関わる要因をより詳しく検討していくことができるかもしれない。今後の研究成果に期待したい。

　ちなみにヒトにとっては当たり前のように生じる対比現象であるが，これが生じない場合，日常生活で困ることはないのだろうか。錯視は外界と見た目とのズレが極端に生じる現象であるため，我々も日常生活では対比の効果を実感することはあまりないかもしれない。しかし，例えば見た目がほぼ同じ物体がたくさんあるとき，長さや大きさ，色などが他とは異なるものを検出しやすくするような働きは，この効果のひとつと考えられる。少しでも大きなものを探し出すことができるとか，あるいは何らかの不良品や欠陥品（例えば腐った果物など）を探し出すことができるといったことに関して有利に働くはずで

◆ 終　章　トリの眼から見えた世界

ある。また，著者の研究としては取り扱っていないが，明るさの対比は輪郭を強調する働きがあり，物体と背景の違いを区別しやすく効果があるだろう（例えば図1-1(d)）。角を構成する2つの異なる方向の違いを強調する角度の対比の背後には，方向の違いの検出を促進するような働きがあると思われる。動物の場合にも，例えば採食場面において少しでも大きい餌を効率良く探し出すことは，生存上重要なことのように思われる。大きいものはより大きく，小さいものはより小さく見えるといった，物体間の見えの違いを増大させる対比は，こうした場面で重要な役割を果たすと考えられ，対比が生じない視覚システムは不利であるように感じる。しかし，例えばハトの場合，餌である穀物は地面にたくさん落ちていることが多いと考えられる。そのため，わざわざ対比を使ってまで少しでも大きな餌を探し出すよりも，餌の大小を気にせず，視界に入ってきた餌から順に食べていくほうが効率的であるのかもしれない。あるいは，ヒトは視野内の重要な対象である「標的」をその周りにある「文脈」との関係において見るため，標的を効率よく探し出すためには対比による「助け」を必要とすることが多いのに対して，局所志向的な情報処理傾向が強い動物は興味のある標的自体に重きを置いた見方をするため，文脈のなかに標的が埋もれてしまうといったことが少ないのかもしれない。もしそうであれば，あえて対比に頼る必要はないだろう。いずれにしても，対比が生じない視覚世界はさぞかし不便に違いないなどと感じているのは，もしかしたらヒトだけなのかもしれない。

　本書では，著者らのものを中心に動物の錯視に関する研究を紹介した。そこから明らかになったのは，錯視には動物ごとの個性があるということだ。ハトにはハトの，ニワトリにはニワトリの，ヒトにはヒトの錯視が存在し，どちらが正しいとかどちらが間違っているという

ものではない。本書で紹介した研究を通じて，ヒトの錯視やヒトのものの見方が唯一絶対のものではなく，それらは動物によってそれぞれ異なるものであることを知ってもらえたら幸いである。

あとがき

　小学4年生のとき,「発見カード」という宿題が毎週出された。簡単な実験や自然観察などをおこない, B5用紙（A4用紙だったかもしれない）1枚にレポートとしてまとめ, 週明けに提出するというものであった。毎週何か新しいことを発見するというのはなかなか大変であったが, 母と相談しながら週末を過ごした記憶が残っている。ある日, 何か新しい発見はないものかと自宅の庭をぼんやり見ていたところ, ある植物の葉の一部がきれいな円形に切り取られているのを見つけた。両親に聞いてみたが心当たりはないという。見事な切り口。誰の仕業だろう。気になって仕方がない私はさっそく図鑑で調べることにした。切り口からしてバラハキリバチという昆虫がどうも怪しい。しかし, 本当にハチがあんなにきれいに葉を切り取ることができるのか。にわかには信じられなかった私は, 庭をしばらく観察することにした。しばらくすると, あの図鑑で見たのと同じハチがやってきた。息をひそめて観察していると, 口を使って葉を見事な円形に切り取っている様子をばっちり観察することができた。飛び去っていくハチを急いで追いかけると, 塀の隙間に入っていくのが見えた。そっと隙間を覗いてみると, そこには数枚の葉を重ね合わせた巣が作られていた。普段は何気なく見ているだけの庭であるが, 注意して観察してみると, そこには多くの不思議な現象があるものなのだと実感した。同時にそうした現象を発見することの面白さも知った。

　あれから20年以上の時が経過したが, 今でも自分の根底にあるもの —— 何か新しいことを発見したいという思い —— はそれほど変わっていないように思う。本書で紹介した一連の錯視研究について

あとがき

も,「ヒトの錯視, ハトの錯視, ニワトリの錯視, それぞれどのような特徴があるのだろう」といった純粋な興味が, 研究を遂行するための原動力となった。また, ひとりでも多くの方に動物の錯視研究の魅力を伝えるためには, やはり自分自身が研究テーマに対して興味をもつことが重要である。今後もこのようなスタンスで研究を続けていきたいと考えている。

なお本書は, 多くの方のご協力を得て完成したものである。京都大学文学部生時代からの恩師である藤田和生教授には,「ヒトを含めた種々の動物の認知機能を分析し比較することにより, 認知機能の系統発生を明らかにしようとする行動科学 (藤田, 1998)」である比較認知科学の面白さとその可能性を教わった。動物との接し方から始まり, 研究の進め方, 実験に用いた装置やプログラムの作成, 実験結果の議論, そして論文の作成に至るまで, 懇切丁寧な御指導をいただいた。ここに心から感謝の意を表する。

研究実施や論文提出にあたっては, 京都大学の板倉昭二教授と友永雅己准教授, 千葉大学の牛谷智一准教授, 名古屋大学の宮田裕光氏, 大阪教育大学の渡辺創太氏, 京都大学の別役透氏のご協力をいただいた。ここに厚く御礼申し上げる。また, 本書で紹介した実験に協力してくれたハトとニワトリたちにも感謝したい。なお, 本書で紹介した筆者らの実験は京都大学動物実験委員会の承認を得た上でおこなわれたものである。

本書の執筆にあたっては, 日本学術振興会科学研究費補助金 (No. 19-7134, 研究代表者：中村哲之；No. 13410026, No. 17300085, No. 20220004, 研究代表者：藤田和生), 文部科学省 21 世紀 COE プログラム「心の働きの総合的研究教育拠点」(京都大学, 拠点番号 D10), 文部科学省グローバル COE プログラム「心が活きる教育のための国際的

拠点」の支援を受けた。

　本書を刊行するにあたって，京都大学の「平成24年度総長裁量経費　若手研究者に係る出版助成事業」の助成を受けた。京都大学学術出版会編集長の鈴木哲也氏および編集担当の永野祥子氏からは，本文中の表現や体裁などに関して貴重なアドバイスをいただいた。ここに心より感謝の意を表する。

　最後に，いつも私のことを応援してくれている両親にも感謝したい。

2012年12月

中村哲之

引用文献

Aust, U., & Huber, L. (2006). Does the use of natural stimuli facilitate amodal completion in pigeons? *Perception, 35*, 333–349.

Barbet, I., & Fagot, J. (2002). Perception of the corridor illusion by baboons (*Papio papio*). *Behavioural Brain Research, 132*, 111–115.

Bayne, K. A. L., & Davis, R. T. (1983). Susceptibility of rhesus monkeys (*Macaca mulatta*) to the Ponzo illusion. *Bulletin of the Psychonomic Society, 21*, 476–478.

Benhar, E., & Samuel, D. (1982). Visual illusions in the baboon (*Papio anubis*). *Animal Leaning & Behavior, 10*, 113–118.

Blough, D. S. (1985). Discrimination of letters and random dot patterns by pigeons and humans. *Journal of Experimental Psychology: Animal Behavior Processes, 11*, 261–280.

Cavoto, K. K., & Cook, R. G. (2001). Cognitive precedence for local information in hierarchical stimulus processing by pigeons. *Journal of Experimental Psychology: Animal Behavior Processes, 27*, 3–16.

Cerella, J. (1980). The pigeon's analysis of pictures. *Pattern Recognition, 12*, 1–6.

Coren, S., & Girgus, J. S. (1978). *Seeing is deceiving: The psychology of visual illusions.* Hillsdale, NJ: Erlbaum.

DeMello, L. R., Foster, T. M., & Temple, W. (1992). Discriminative performance of the domestic hen in a visual acuity task. *Journal of the Experimental Analysis of Behavior, 58*, 147–157.

Deruelle, C., & Fagot, J. (1998). Visual search for global/local stimulus features in humans and baboons. *Psychonomic Bulletin and Review, 5*, 476–481.

DiPietro, N. T., Wasserman, E. A., & Young, M. E. (2002). Effects of occlusion on pigeons' visual object recognition. *Perception, 31*, 1299–1312.

Doherty, M. J., Campbell, N. M., Tsuji, H., & Phillips, W. A. (2010). The Ebbinghaus illusion deceives adults but not young children. *Developmental Science, 13*, 714–721.

Dominguez, K. E. (1954). A study of visual illusions in the monkey. *The Journal of Genetic Psychology, 85*, 105–127.

Dücker, G. (1966). Untersuchungen über geometrisch-optische Täuschungen bei Wirbeltieren (Optical Illusions in Vertebrates). *Zeitschrift für Tierpsychologie, 23*, 452–496. (In German with English summary)

遠藤秀紀（2010）．ニワトリ —— 愛を独り占めにした鳥．光文社．

Fagot, J., & Deruelle, C. (1997). Processing of global and local visual information and

◆ 引用文献

hemispheric specialization in humans (*Homo sapiens*) and baboons (*Papio papio*). *Journal of Experimental Psychology: Human Perception and Performance*, 23, 429–442.

Fellows, B. J. (1967). Reversal of the Müller-Lyer illusion with changes in the length of the inter-fins line. *Quarterly Journal of Experimental Psychology*, 19, 208−214.

Fellows, B. J. (1968). The reverse Muller-Lyer illusion and "enclosure." *British Journal of Psychology*, 59, 369−372.

Forkman, B. (1998). Hens use occlusion to judge depth in a two-dimensional picture. *Perception, 27*, 861–867.

Fujita, K. (1996). Linear perspective and the Ponzo illusion: a comparison between rhesus monkeys and humans. *Japanese Psychological Research*, 38, 136−145.

Fujita, K. (1997). Perception of the Ponzo illusion by rhesus monkeys, chimpanzees, and humans: Similarity and difference in the three primate species. *Perception & Psychophysics*, 59, 284−292.

Fujita, K. (2001a). What you see is different from what I see: Species differences in visual perception. In T. Matsuzawa (Ed.), *Primate origins of human cognition and behavior* (pp. 29–54). Berlin: Springer Verlag.

Fujita, K. (2001b). Perceptual completion in rhesus monkeys (*Macaca mulatta*) and pigeons (*Columba livia*). *Perception & Psychophysics*, 63, 115−125.

藤田和生（2005）．動物の錯視．後藤倬男・田中平八（編）錯視の科学ハンドブック，東京大学出版会．pp. 284-296.

Fujita, K., Blough, D. S., & Blough, P. M. (1991). Pigeons see the Ponzo illusion. *Animal Learning & Behavior*, 19, 283−293.

Fujita, K., Blough, D. S., & Blough, P. M. (1993). Effects of the inclination of context lines on perception of the Ponzo illusion by pigeons. *Animal Learning & Behavior*, 21, 29−34.

Fujita, K., & Ushitani, T. (2005). Better living by not completing: a wonderful peculiarity of pigeon vision? *Behavioural Processes*, 69, 59−66.

Geiger, G., & Poggio, T. (1975). The Mueller-Lyer figure and the fly. *Science*, 190, 479−480.

Gibson, J. J., & Radner, M. (1937). Adaptation, after-effect, and contrast in the perception of tilted lines: I. Quantitative studies. *Journal of Experimental Psychology*, 20, 453−469.

Glauber, M. (1986). Pigeon perception of a geometric illusion. Unpublished Master's Thesis, Hunter College, City University of New York.

Glazebrook, C. M., Dhillon, V. P., Keetch, K. M., Lyons, J., Amazeen, E., Weeks, D. J., & Elliott, D. (2005). Perception-action and the Müller-Lyer illusion: amplitude or endpoint bias? *Experimental Brain Research*, 160, 71−78.

後藤和宏（2009）．視覚認知における全体処理と部分処理 ── 比較認知科学からの提

言. 心理学研究, *80*, 352-367.

後藤倬男・田中平八（2005）. 錯視の科学ハンドブック. 東京大学出版会.

Goto, T., Uchiyama, I., Imai, A., Takahashi, S., Hanari, T., Nakamura, S., & Kobari, H. (2007). Assimilation and contrast in optic illusions. *Japanese Psychological Research*, *49*, 33-44.

Heymans, G. (1896). Quantitative untersuchungen über das "optische paradoxon". *Zeitschrift für Psychologie*, *9*, 221-255.

細川博昭（2008）. 鳥の脳力を探る —— 道具を自作し持ち歩くカラス，シャガールとゴッホを見分けるハト. ソフトバンククリエイティブ.

今井省吾（1984）. 錯視図形 —— 見え方の心理学. サイエンス社.

岩堀修明（2011）. 図解・感覚器の進化—原始動物からヒトへ水中から陸上へ. 講談社.

北岡明佳（2005）. 方向の錯視 —— ツェルナー錯視, フレーザー錯視, カフェウォール錯視. 後藤倬男・田中平八（編）錯視の科学ハンドブック, 東京大学出版会, pp. 136-152.

北岡明佳（2007）. だまされる視覚 —— 錯視の楽しみ方. 化学同人.

北岡明佳（2010）. 錯視入門. 朝倉書店.

Kitaoka, A., & Ishihara, M. (2000). Three elemental illusions determine the Zöllner illusion. *Perception & Psychophysics*, *62*, 569-575.

Lazareva, O. F., Wasserman, E. A., & Biederman, I. (2007). Pigeons' recognition of partially occluded objects depends on specific training experience. *Perception*, *36*, 33-48.

Lea, S. E. G., Slater, A. M., & Ryan, C. M. E. (1996). Perception of object unity in chicks: A comparison with the human infant. *Infant Behavior and Development*, *19*, 501-504.

Lewis, E. O. (1909). Confluxion and contrast effects in the Müller-Lyer illusion. *British Journal of Psychology*, *3*, 21-41.

Malott, R. W., & Malott, M. K. (1970). Perception and stimulus generalization. In W. C. Stebbins (Ed.), *Animal psychophysics: The design and conduct of sensory experiments* (pp. 363-400). New York: Plenum.

水波誠（2006）. 昆虫 —— 驚異の微小脳. 中公新書.

盛永四郎（1935）. 大きさの同化対比の条件. 増田博士謝恩最近心理学論文集, 岩波書店, 22-48.

盛永四郎（1956）. 大きさ対現象の条件の吟味. 日本心理学会第70回大会発表論文集, 53.

Murayama, T., Usui, A., Takeda, E., Kato, K., & Maejima, K. (2012). Relative size discrimination and perception of the Ebbinghaus illusion in a bottlenose dolphin (*Tursiops truncatus*). *Aquatic Mammals*, *38*, 333-342.

Nakamura, N., Fujita, K., Ushitani, T., & Miyata, H. (2006). Perception of the standard and the reversed Müller-Lyer figures in pigeons (*Columba livia*) and humans (*Homo sapiens*). *Journal of Comparative Psychology, 120,* 252–261.

Nakamura, N., Watanabe, S., & Fujita, K. (2008). Pigeons perceive the Ebbinghaus-Titchener circles as an assimilation illusion. *Journal of Experimental Psychology: Animal Behavior Processes, 34,* 375–387.

Nakamura, N., Watanabe, S., & Fujita, K. (2009). Further analysis of perception of reversed Müller-Lyer figures for pigeons (*Columba livia*). *Perceptual and Motor Skills, 108,* 239–250.

Nakamura, N., Watanabe, S., & Fujita, K. (2009). Further analysis of perception of the standard Müller-Lyer figures in pigeons (*Columba livia*) and humans (*Homo sapiens*): Effects of length of brackets. *Journal of Comparative Psychology, 123,* 287–294.

Nakamura, N., Watanabe, S., Betsuyaku, T., & Fujita, K. (2010). Do bantams (*Gallus gallus domesticus*) experience amodal completion? An analysis of visual search performance. *Journal of Comparative Psychology, 124,* 331–335.

Nakamura, N., Watanabe, S., Betsuyaku, T., & Fujita, K. (2011). Do birds (pigeons and bantams) know how confident they are of their perceptual decisions? *Animal Cognition, 14,* 83–93.

Nakamura, N., Watanabe, S., Betsuyaku, T., & Fujita, K. (2011). Do bantams (*Gallus gallus domesticus*) amodally complete? An analysis of line length classification performance. *Journal of Comparative Psychology, 125,* 411–419.

Navon, D. (1977). Forest before trees: The precedence of global features in visual perception. *Cognitive Psychology, 9,* 353–383.

Navon, D. (1981). The forest revisited: More on global precedence. *Psychological Research, 43,* 1–32.

Navon, D. (1983). How many trees does it take to make a forest? *Perception, 12,* 239–254.

NHK「恐竜プロジェクト」(著)・小林快次(監)(2006). 恐竜vsほ乳類 —— 1億5千万年の戦い(NHKスペシャル). ダイヤモンド社.

小笠原慈瑛(1952). 同心円の偏位効果について. 心理学研究, *22,* 224–234.

岡本新(2001). ニワトリの動物学. 東京大学出版会.

O'Toole, B. I., & Wenderoth, P. (1977). The tilt illusion: Repulsion and attraction effects in the oblique meridian. *Vision Research, 17,* 367–374.

Over, R., Broerse, J., & Crassini, B. (1972). Orientation illusion and masking in central and peripheral vision. *Journal of Experimental Psychology, 96,* 25–31.

Oyama, T. (1960). Japanese studies on the so-called geometrical-optical illusions. *Psychologia,*

3, 7–20.

Parron, C., & Fagot, J. (2007). Comparison of grouping abilities in humans (*Homo sapiens*) and baboons (*Papio papio*) with the Ebbinghaus illusion. *Journal of Comparative Psychology, 121*, 405–411.

Pepperberg, I. M., Vicinay, J., & Cavanagh, P. (2008). Processing of the Müller-Lyer illusion by a Grey parrot (*Psittacus erithacus*). *Perception, 37*, 765–781.

Post, R. B., Welch, R. B., & Caufield, K. (1998). Relative spatial expansion and contraction within the Müller-Lyer and Judd illusions. *Perception, 27*, 827–838.

Rauschenberger, R., & Yantis, S. (2001). Masking unveils pre-amodal completion representation in visual search. *Nature, 410*, 369–372.

Regolin, L., & Vallortigara, G. (1995). Perception of partly occluded objects by young chicks. *Perception & Psychophysics, 57*, 971–976.

Regolin, L., Marconato, F., & Vallortigara, G. (2004). Hemispheric differences in the recognition of partly occluded objects by newly hatched domestic chicks (*Gallus gallus*). *Animal Cognition, 7*, 162–170.

Rensink, R. A., & Enns, J. T. (1998). Early completion of occluded objects. *Vision Research, 38*, 2489–2505.

Restle, F., & Decker, J. (1977). Size of the Müller-Lyer illusion as a function of its dimensions: Theory and data. *Perception & Psychophysics, 21*, 489–503.

Révész, G. (1924). Experiments on animal space perception. *British Journal of Psychology, 14*, 387–414.

Roberts, B., Harris, M. G., & Yates, T. A. (2005). The roles of inducer size and distance in the Ebbinghaus illusion (Titchener circles). *Perception, 34*, 847–856.

Robinson, J. O. (1998). *The Psychology of visual illusion*. Mineola, New York: Dover.

関口勝夫・牛谷智一・実森正子（2011）．ハトにおける階層的複合刺激の部分優先処理効果．動物心理学研究, *61*, 95–105.

Sekuler, A. B., Lee, J. A. J., & Shettleworth, S. J. (1996). Pigeons do not complete partly occluded figures. *Perception, 25*, 1109–1120.

Sekuler, A. B., & Palmer, S. E. (1992). Perception of partly occluded objects: A microgenetic analysis. *Journal of Experimental Psychology: General, 121*, 95–111.

椎名健（1995）．錯覚の心理学．講談社．

Shimizu, T. (1998). Conspecific recognition in pigeons (*Columba livia*) using dynamic video images. *Behaviour, 135*, 43–53.

Srinivasan, M., Lehrer, M., & Wehner, R. (1987). Bees perceive illusory colours induced by movement. *Vision Research, 27*, 1285–1289.

◆ 引用文献

Srinivasan, M. V., & Dvorak, D. R. (1979). The waterfall illusion in an insect visual system. *Vision Research*, *19*, 1435-1437.

Suganuma, E., Pessoa, V. F., Monge-Fuentes, V., Castro, B. M., & Tavares, M. C. H. (2007). Perception of the Müller-Lyer illusion in capuchin monkeys (*Cebus apella*). *Behavioural Brain Research*, *182*, 67-72.

高橋美樹・岡ノ谷一夫（2000）．ジュウシマツにおける視覚的"補完" —— 生態学的アプローチ．動物心理学研究．*50*, 300.

Timney, B., & Keil, K. (1996). Horses are sensitive to pictorial depth cues. *Perception*, *25*, 1121-1128.

牛谷智一（2011）．知覚・認知の種間比較．大山正（監），山口真美・金沢創（編）心理学研究法4 —— 発達．誠信書房．pp. 223-249.

Ushitani, T., & Fujita, K. (2005). Pigeons do not perceptually complete partly occluded photos of food: an ecological approach to the "pigeon problem." *Behavioural Processes*, *69*, 67-78.

Ushitani, T., Fujita, K., & Yamanaka, R. (2001). Do pigeons (*Columba livia*) perceive object unity? *Animal Cognition*, *4*, 153-161.

Warden, C. J., & Baar, J. (1929). The Müller-Lyer illusion in the ring dove, *Turtur risorius*. *Journal of Comparative Psychology*, *9*, 275-292.

渡辺茂（2001）．ヒト型脳とハト型脳．文春新書．

渡辺茂（2010）．鳥脳力 —— 小さな頭に秘められた驚異の能力．化学同人．

Watanabe, S., & Furuya, I. (1997). Video display for study of avian visual cognition: From psychophysics to sign language. *International Journal of Comparative Psychology*, *10*, 111-127.

渡辺茂・小嶋祥三（2007）．脳科学と心の進化（心理学入門コース）．岩波書店．

渡辺創太・足立幾磨・藤田和生（2006）．ハトにおける枠内線分判断 —— 絶対？　相対？　．日本心理学会第70回大会発表論文集．

Watanabe, S., Nakamura, N., & Fujita, K. (2011). Pigeons perceive a reversed Zöllner illusion. *Cognition*, *119*, 137-141.

Watanabe, S., Nakamura, N., & Fujita, K. (2013). Bantams (*Gallus gallus domesticus*) also perceive a reversed Zöllner illusion. *Animal Cognition*, *16*, 109-115.

Weintraub, D. J. (1979). Ebbinghaus illusion: Context, contour, and age influence the judged size of a circle amidst circles. *Journal of Experimental Psychology: Human Perception and Performance*, *5*, 353-364.

Winslow, C. N. (1933). Visual illusions in the chick. *Archives of Psychology*, *153*, 1-83.

Yamazaki, Y., Otsuka, Y., Kanazawa, S., & Yamaguchi, M.K. (2010). Perception of the

Ebbinghaus illusion in 5-to 8-month old infants. *Japanese Psychological Research*, *52*, 33–40.

柳沢昇 (1939). ミュラー・リエル図形に於ける反対錯視減少 (1). 心理学研究, *14*, 321–329.

索　引

[ア行]

アカゲザル　12, 15, 27, 149
明るさの錯視　7
アデロバシレウス　23
アモーダル補間　27, 123, 129, 176
アルファベット文字の認識　24
移動様式→生活様式
色の対比現象　13
インプリンティング→刷り込み
ウマ　12
エーレンシュタイン錯視　9, 12
エビングハウス・ティチェナー錯視　3, 5, 12, 79, 113, 123, 175
奥行き感　19
　絵画的な奥行き手がかり　151
オッペル・クント錯視　9, 12
オペラント箱→スキナー箱
オマキザル　38
重み付け仮説　90, 107

[カ行]

絵画的な奥行き手がかり→奥行き感
回廊錯視　11-12
囲い (enclosure) の効果　74
カメラ眼　171
感覚器　171
間接効果　168-169
幾何学的錯視　3
ギニアヒヒ→ヒヒ
局所志向的な情報処理　27-28, 74, 97, 123, 150, 176→全体志向的な情報処理
孔子鳥　23

[サ行]

錯視　3, 6

――量　21, 55, 61
サル　12
視覚器　171
始祖鳥　23
ジャストロー錯視　7, 10
ジュウシマツ　151
主観的等価点　54
主観的輪郭　11, 13
食性→生活様式
垂直水平錯視　9, 12, 149
スキナー箱 (オペラント箱)　43
刷り込み (インプリンティング)　124
生活様式　29, 123, 176
　移動様式　29, 176
　食性　30, 176
全体志向的な情報処理　26, 28, 74, 97, 123, 150, 176→局所志向的な情報処理
線路　20

[タ行]

対比 (contrast)　72, 96, 100, 123, 159, 175→同化
滝の錯視　13
長方形の幅錯視　7, 12
鳥類　22
チンパンジー　15, 27
ツェルナー錯視　3, 5, 12, 159, 168
ツェルナー逆錯視　168-169
ツグミ　12
同化 (assimilation)　72, 96, 100, 159, 175→対比
同心円錯視　100, 118, 123, 175

[ナ行]

ニワトリ　10, 22, 112, 122, 129, 159, 175

◆ 索　引

Navon 型階層図形　　26, 123
脳　　23

[ハ行]

ハエ　　12, 38
爬虫類　　23
ハト　　15, 22, 100, 122, 149, 159, 175
ハンドウイルカ　　177
ヒト　　15, 55, 90, 98, 103, 122, 163, 175
ヒヒ　　12, 97, 175
　ギニア ──　27
ヒヨコ　　12, 38, 123
複眼　　171
フサオマキザル　　27
フナ　　12
不良設定問題　　32
フレーザー錯視　　168-169
ベニスズメ類　　12
哺乳類　　22

ポンゾ錯視　　11-12, 15, 175

[マ行]

ミツバチ　　13
ミュラー・リヤー逆錯視　　42, 59, 62, 175
ミュラー・リヤー順錯視（ミュラー・リヤー錯視）　　3, 5, 12, 38, 42, 175
ムクドリ　　12
網膜　　4, 24-25, 32
モルモット　　12

[ヤ行]

ヨウム　　38

[ラ行]

遼寧鳥　　23

[著者紹介]
中村　哲之（なかむら　のりゆき）
千葉大学先進科学センター特任助教
京都大学文学部卒業。同大学院文学研究科修士課程・博士後期課程修了。文学博士。日本学術振興会特別研究員を経て，2011年より現職。鳥類とヒトの知覚・認知について，行動実験をもとに分析している。

（プリミエ・コレクション 38）
動物の錯視
——トリの眼から考える認知の進化　　　©Noriyuki Nakamura 2013

2013 年 3 月 31 日　初版第一刷発行

著　者　　中　村　哲　之
発行人　　檜　山　爲次郎

発行所　　京都大学学術出版会
　　　　　京都市左京区吉田近衛町69番地
　　　　　京都大学吉田南構内（〒606-8315）
　　　　　電話（075）761-6182
　　　　　FAX（075）761-6190
　　　　　URL　http://www.kyoto-up.or.jp
　　　　　振替　01000-8-64677

ISBN978-4-87698-266-0　　　印刷・製本　㈱クイックス
　　　　　　　　　　　　　　イラスト　石田　尊司
Printed in Japan　　　　　　装幀　谷　なつ子
　　　　　　　　　　　　　　定価はカバーに表示してあります

本書のコピー，スキャン，デジタル化等の無断複製は著作権法上での例外を除き禁じられています。本書を代行業者等の第三者に依頼してスキャンやデジタル化することは，たとえ個人や家庭内での利用でも著作権法違反です。